《"双碳"目标与新能源发展》系列丛书

新能源合理利用率之路

主　　编:张柏林　　胡殿刚

副主编:李晓虎　　吴国栋

气象出版社
China Meteorological Press

内容简介

本书在分析新能源出力特性的基础上,研究提升新能源消纳能力的措施,探究新能源合理利用率的内涵及计算方法。书中内容具有较强的实用性和一定程度的前瞻性,为"双碳"目标下构建新能源供给消纳体系提供思路与建议,可供从事新能源发电、电力系统运行与调度、新型电力系统建设等的研究、规划、管理、技术人员阅读参考。

图书在版编目(CIP)数据

新能源合理利用率之路 / 张柏林,胡殿刚主编. --
北京 : 气象出版社,2022.8(2022.9重印)
("双碳"目标与新能源发展系列丛书)
ISBN 978-7-5029-7745-0

Ⅰ. ①新… Ⅱ. ①张… ②胡… Ⅲ. ①新能源—能源
利用—研究 Ⅳ. ①TK01

中国版本图书馆CIP数据核字(2022)第117950号

Xinnengyuan Heli Liyonglü Zhilu

新能源合理利用率之路

主 编:张柏林 胡殿刚
副主编:李晓虎 吴国栋

出版发行:气象出版社
地 址:北京市海淀区中关村南大街 46 号   邮政编码:100081
电 话:010-68407112(总编室) 010-68408042(发行部)
网 址:http://www.qxcbs.com   **E-mail**: qxcbs@cma.gov.cn
责任编辑:万 峰   终 审:吴晓鹏
责任校对:张硕杰   责任技编:赵相宁
封面设计:艺点设计
印 刷:北京中石油彩色印刷有限责任公司
开 本:710 mm×1000 mm 1/16   印 张:8.25
字 数:150 千字
版 次:2022 年 8 月第 1 版   印 次:2022 年 9 月第 2 次印刷
定 价:66.00 元

编委会

序　言

　　新能源跨越式发展是构建新型电力系统、实现"双碳"目标的必由之路。2021年中国风电、光伏发电容量均突破3亿kW,全国平均风电利用率达96.9%,光伏发电利用率达98.2%,实现了新能源装机容量与利用率的"量率齐升"。但青海、蒙西等地区新能源利用率分别下降5.7%和1.5%。"十四五"期间,在新能源大规模发展的情况下,部分新能源大省的量率矛盾开始进一步凸显。

　　回顾发展历程,新能源发展先后经历了示范探索及产业化初期阶段,正在经历着规模化发展阶段、即将面临高质量发展阶段。在此期间,行业发展所面临的主要矛盾也由发展初期的并网技术问题,过渡为规模化发展后的新能源消纳问题,即将转化为新能源保供保消纳与电网安全运行问题,"经济—低碳—安全"这一能源不可能三角形也逐渐凸显。中国新能源发展在"量率"关系方面经历了以下几个阶段:

　　第一个阶段是"量"的提升阶段。在新能源发展起步阶段,新能源消纳能力充足,"三北"地区的新能源装机有了迅猛的发展。

　　第二个阶段以"率"定"量"阶段。随着新能源装机的大规模发展,新能源消纳能力不足的矛盾凸显,利用率逐年下降。2016年以来,国家开始发布红色预警。2018年以来,中国新能源发展采用"以消纳能力引导发展规模"开发模式,新能源利用水平持续提升。

　　第三个阶段是"量率"协同阶段。即随着双碳目标的提出,新型电力系统的建设需要以"合理量×合理率"来应对能源不能三角形,但如何衡量和界定"合理"是一个复杂的系统性问题。当前中国仍处于发展中国家行列,经济仍需要高速发展,能源低碳变革要在支撑中国经济发展的同时,确保安全这一红线不动摇。

　　目前各地正积极组织保障性、市场化等各类项目开发,发展需求很大,随着全国范围消纳能力、调峰潜力的全面挖掘,利用率下降的拐点已经出现。如何制定经济可行、降碳有度、安全维稳的新能源建设及消纳方案,难度很大。甘肃省新能源发展起步早、发展快、新能源占比大(截至 2021 年年底新能源装机占比达 48%、发电占比达 23%)、消纳难度大,在这方面做了很多有价值的理论研究和实践尝试。甘肃省的消纳困难也是其他省份即将面临的困难,甘肃省的实践措施也可为其他省份提供有益的参考。

本书在对"量率"普遍性进行分析研究的情况下,以甘肃省新能源发展的困难和解决措施为例说明如何通过合理利用率解决能源不可能三角形矛盾。即具有理论性,又不失实践性;即具有典型性,又不失普遍性。对新能源从业人员开展新能源的分析研究、发展规划、调度管理等具有较大的参考价值。

(华北电力大学 曾鸣)

2022 年 7 月 15 日

前　言

甘肃省风资源和光资源丰富，开发起步早，第一座风电场始建于 1997 年，经历了"十二五"期间的初始扩张、"十三五"期间的红色预警，如今在国家"2030 碳达峰、2060 碳中和"目标背景下，2021 年甘肃省新能源发展再次进入"十四五"期间的"快车道"。

为了做好新能源的消纳工作，国网甘肃省电力公司通过深耕省内、省外两个市场，不断补强电网送出结构，持续深挖电网调峰能力，积极服务新能源并网，实现了新能源利用率从"十三五"初的 60% 提升至 2021 年的 96.83%，创历史最好。在"十四五"开局之年，甘肃省启动了 826 万 kW 存量新能源项目的建设，并规划了"十四五"第一批 1200 万 kW 的新增项目，电网"双高双峰（双高：高比例可再生能源，高比例电力电子设备。双峰：电网夏、冬季负荷高峰）"的特征愈发明显，新能源小发时供电能力不足和新能源大发时电网消纳能力不足"两难"同时存在，新形势下保供电保消纳"两保"任务艰巨。

2021 年 3 月 30 日，在中华人民共和国国务院新闻办公室举行的中国可再生能源发展有关情况发布会上，国家能源局电力司司长在回应如何保障新能源消纳问题时，提到"要科学制定新能源合理利用率目标"，这是官方首次明确提出"合理利用率"的说法。在挖掘电网调峰能力同时，如何合理制定新能源利用率成为能源行业关注的热点话题。

本书总结了新能源发展历程、发展趋势和面临的挑战，在分析新能源出力特性及受限情况的基础上，挖掘电网调峰能力，提出了新能源合理利用率的内涵及计算方法，为推动甘肃省新能源绿色发展提供了解决方案。

限于作者水平，虽然对书稿内容进行了反复研究、测算、推敲，但难免会存在疏漏与不足之处，恳请读者批评指正。

作者

2022 年 4 月

目　录

第

1

章

新能源发展历程

1.1 "双碳"目标下的新能源消纳

2020年9月,国家主席习近平在第75届联合国大会上提出,我国二氧化碳排放力争于2030年前达到峰值,努力争取2060年前实现碳中和。"双碳"目标的提出为贯彻新发展理念、促进能源电力高质量发展提供了根本遵循。为推进碳达峰、碳中和,应按照源头防治、产业调整、技术创新、新兴培育、绿色生活的路径,加快实现生产、生活方式绿色变革。"双碳"目标的提出无疑为绿色清洁能源发展带来了机遇。在中国能源产业格局中,煤炭、石油、天然气等产生碳排放的化石能源占能源消耗总量的84%,而水电、风电、核能和光伏等可再生能源仅占16%。目前,我国光伏、风电、水电装机量均已占到全球总装机量的1/3左右,领跑全球。2060年中国要实现碳中和,核能的装机容量须是2020年的5倍,风电的装机容量是2020年的1.2倍,而太阳能须是2020年的70倍。为实现"双碳"目标,中国将进行能源革命,加快发展可再生能源,降低化石能源的比重,巨大的清洁、绿色能源产业发展空间将会进一步打开。所以,在"双碳"目标导向下,研究合理的可再生能源电力消纳权重和新能源利用率,探索新能源装机占比不断提升的新型电力系统发展路径,对实现新能源的健康可持续发展具有重要意义。

新能源消纳或将开启"合理利用率"新时代。2021年3月30日,国务院新闻办公室举行的发布会上提及如何保障新能源消纳问题,国家能源局电力司司长提到"要科学制定新能源合理利用率目标"这一举措。2010年以来,中国新能源装机容量大幅度增长,相应的输电通道等保障机制却没及时跟上。2017年前后,"弃风弃光"已严重制约电力行业健康可持续发展。在此背景下,国家发展和改革委员会、国家能源局联合印发《清洁能源消纳行动计划(2018—2020年)》,定下了2020年风电、光伏发电、水能利用率平均95%的目标。

该行动计划也针对清洁能源消纳问题集中在少数重点省份的特点,将目标分解,提出了分省份的年度消纳目标。如西北"风光"(风电资源和光伏发电资源,简称"风光")大省新疆、甘肃的利用率目标相对较低,东部河北省则较高。这在某种程度上可视作有意识地开展合理利用率的探索。在该行动计划发布之后,国家能源局电力司有关负责人曾对"弃电率"改为"利用率"的改名问题做过公开解释:"弃电量""弃电率"的说法只关注清洁能源电力的未利用部分,忽视了整个能源和电力系统为消纳清洁能源付出的努力和成本,易引起社会各界的误解。从整个能源系统经济性和全社会用电成本的角度,结合电力系统自身的特性,清洁能源消纳存在一个经济合理的利用率范围,片面追求百分之百消纳,将极大提高系统的备用成本,限制电力系统可承载的新能源规模,反而制约了新能源发展,因此并不是百分之百完全消纳最好。以一个 10 年周期为例,2010—2020 年,中国的新能源装机容量从 2984 万 kW 迅猛上升至 53496 万 kW,在电源结构上,"风光"为主的新能源占比也由 3.1% 跃升至 24.3%。尽管中国在清洁能源消纳方面做了很多工作,但 2017 年"弃水弃风弃光"的总量仍超过 1000 亿 kW·h。

随着中国碳达峰、碳中和目标的提出,未来 10 年,中国风能、太阳能发电装机容量将大幅度提升,是当前装机总量的 2 倍多。这种巨大的不确定性,让今年的新能源消纳指标的制定显得尤为艰难,不能够再套用之前的经验。到目前为止,国家层面的 2022 年新能源利用率目标尚未制定。但是国家能源局"合理利用率"的提法相较之前更进一步,体现了新能源高质量发展的需求。

2021 年 5 月 25 日,国家发展和改革委员会、国家能源局正式发布《关于2021 年可再生能源电力消纳责任权重及有关事项的通知》,对各省可再生能源的消纳考核指标进行了明确。在时间上,正式通知也提出了更密集的跟踪监测要求。虽然更具体的时间节点,有利于加强监管,促进目标有序完成,但这无疑大大增加了可再生能源电力消纳责任权重的考核力度。

1.2 新能源发展历程

1.2.1 新能源发展起步阶段

1949—1990 年,这一时期新能源占终端能源消费比重为 0。大多数技术还处在初级研发阶段。1990—2010 年,在国家产业政策作用下,新能源产业进入快速发展轨道,并出现 4 个重要的变化:①新能源利用从农村扩展到城镇。②设备从小型向大中型发展。③从研究开发走向市场化和产业化。④从着眼于增加能源供应转向把改善环境作为主要目标。这一阶段新能源开发利用量从1990 年 60 万 t 标准煤增加到 2010 年 3260 万 t 标准煤。"风光"等新能源已经有了较强的产业基础,中国成为世界最大整机制造、光伏组件制造国家,且在技术领域取得较大进步。2000—2008 年,中国风电装机容量由 2000 年的 34 万kW 增加到 2008 年的 839 万 kW(图 1.1)。2007 年年底,中国光伏系统累计装机容量达到 10 万 kW,并初步建立了从原材料生产到光伏系统建设等多个环节组成的完整产业链(图 1.1)。

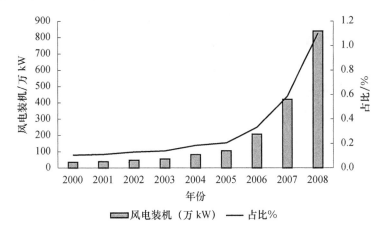

图 1.1 风电装机及占总装机比重(2000—2008 年)

2006 年《中华人民共和国可再生能源法》开始施行,这是可再生能源发展历程中的标志性事件。该法案通过"设立可再生能源发展基金"(通过对所有工商用电加价来获取补贴资金)与"全额保障收购"(电网企业满额收购风电和光伏发电)两项规定,极大促进了中国可再生能源的发展。这段时间主要是以特许招标权的形式小规模推进风电和光伏发电的装机投资。风电的最低招标价格一度降到 0.38 元/(kW·h)。光伏发电的招标价格在 0.7288~0.9907 元/(kW·h)。

甘肃省风电发展从 1996 年起步,1997 年从丹麦引进 4 台单机容量为 300 kW的风电机组,在玉门建成了甘肃省第一座示范型试验风电场。2008 年 11 月国内第一个装机容量为 1 MW 的并网型光伏电站——大唐武威太阳能电站建成投入运行,标志着甘肃省光伏产业迈上了新台阶。

1.2.2 新能源快速发展阶段

2009 年哥本哈根气候大会之后,中国提出 2020 年中国非化石能源消费比重提高到 15％的发展目标。这 15％的目标承诺主导了 2009 年之后中国风电和光伏发电行业 10 年大发展。全国风能资源按照由强到弱的顺序依次划分为 Ⅰ类风能资源区至Ⅳ类风能资源区,2009 年基于不同风资源区制定了风电固定上网电价政策,分别为 0.51 元/(kW·h)、0.54 元/(kW·h)、0.58 元/(kW·h)和 0.61元/(kW·h)。为鼓励风电发展,中国将固定上网电价制定得较高,普遍高于之前的特许招标价格。当时光伏发电的成本远高于风电。2010 年,中国光伏发电总装机容量只有 80 万千瓦,但光伏制造却占到全球光伏产能的 50％。2011 年制定了光伏发电固定上网电价政策,为 1 元/(kW·h),高于之前的招标价格。2009 年和 2011 年的政策调整,为中国风电和光伏发电行业的超高速增长提供了契机。

图 1.2 显示,从风电行业来看,仅 2009 年装机容量就达到 1760 万 kW,是 2008 年 839 万 kW 的 2 倍。2010—2020 年,风电装机容量由 2958 万 kW 增长至 28199 万 kW,年均增长率高达 29.8％。中国太阳能光伏发电行业起步于 2009 年,此后 2010 年和 2011 年的 2 年内,增速高达 147％和 204％。2012 年和 2013 年增速依然达到了 116％和 164％,随后的 2014—2020 年,光伏发电的装机容量由 2839 万 kW 增长到 25383 万 kW,平均增速达 47.8％,中国的光伏产业进入了高速发展时期。

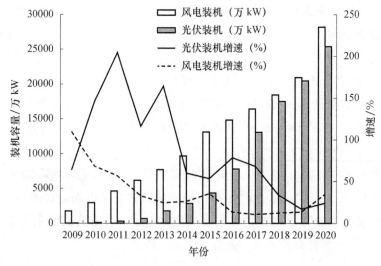

图 1.2　风电、光伏装机容量及增速(2009—2020 年)

1.2.3 "十四五"时期新能源发展形势

受诸多政策利好消息影响,中国可再生能源步入新一轮快速发展期。国家能源局公布的数据给了最有力的说明:截至 2020 年年底,中国可再生能源发电装机容量规模达到 9.3 亿 kW,占总装机的比重达到 42.4%,可再生能源发电量达到 2.2 万亿 kW·h,占全社会用电量的比重达到 29.5%。根据国家能源局的规划,"十四五"期间可再生能源发展将进入一个新阶段。反映在数字层面,即到"十四五"末,可再生能源的发电装机容量占中国电力总装机容量的比重将超过 50%。

新能源装机增长将更加强劲。"十四五"期间,随着风电和光伏发电技术的不断进步,资源丰富地区的风电、光伏发电将逐步全面实现平价上网、成本优势以及碳中和目标的要求,推动新能源发展速度进一步加快。"十四五"期间预计中国年均新增新能源装机容量将远超过 6000 万 kW,达到 1 亿 kW 的规模。

分布式新能源和储能技术快速发展。随着光伏发电成本的下降、平价上网政策的实施以及中东部地区基本全额消纳的电力系统条件,分布式光伏发电将以"全民光伏"的形式迅速增长。加之储能电池成本的快速下降,"光伏 + 储能"、大规模储能、综合能源系统等将在用户侧全面发展,分布式光伏装机容量很快将超过集中式光伏装机容量。

新能源装机布局变化明显。"十四五"期间,受"三北"(东北、华北、西北)地区新能源消纳困难影响,新能源装机空间分布将继续向消纳形势较好的中东部转移。另外,随着技术进步、成本下降和建设经验的积累,"十四五"期间中国海上风电将迎来大发展,具备建设条件的海上风电将全面开工,接入消纳条件好的华北、华东电网。中国将成为全球海上风电增速最快、潜力最大的国家。

市场成为促进新能源消纳的有力手段。电力系统市场化改革继续向纵深发展,调峰调频等辅助服务、省间电力交易、现货市场等将快速发展,市场机制不断完善,新能源电力将越来越多地通过市场来消纳,市场将成为促进新能源消纳的有力手段。

第

2

章

新能源发展隐忧及挑战

2.1　"红色预警"之痛

　　伴随着新能源产业的超常规发展,风电和太阳能发电装机容量的高速攀升,清洁能源产业不断发展壮大,为建设清洁低碳、安全高效的能源体系做出了突出贡献。但由于整体经济发展水平不高,电力消纳容量有限,经过连续多年爆发式增长,出现了严重的"弃风"现象,清洁能源发展不平衡、不充分的矛盾也日益突显。图2.1显示,全国范围内从2015年起,弃风量大幅度上升,2016年出现了498亿kW·h的最大弃风量,随后弃风率逐年下降,2019年平均弃风率只有4%(图2.1)。

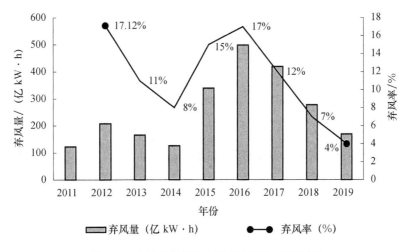

图2.1　全国弃风量及弃风率(2011—2019年)

　　纵观全国,2012年中国弃风率达17.12%,成为有史以来"弃风"最为严重的一年。2015—2018年是弃风量比较严重的年份,特别是西北地区形势显得尤为严峻,已经成为未来清洁能源发展的心腹大患。2015年,风电弃风限电形势加剧,全年弃风电量339亿kW·h,同比增加213亿kW·h,平均弃风率15%,同比增加7个百分点。全国风电平均利用小时数1728 h,同比下降172 h,利用小时数最高的地区是福建2658 h,利用小时数最低的地区是甘肃1184 h。其中弃风较重的地区是内蒙古(弃风电量91亿kW·h、弃风率18%)、甘肃(弃风电量 82 亿 kW·h、弃风率 39%)、新疆(弃风电量 71 亿 kW·h、弃风率 32%)、吉林(弃风电量 27 亿 kW·h、弃风率 32%)。

2016 年 7 月,国家能源局发布《国家能源局关于建立监测预警机制促进风电产业持续健康发展的通知》,风电投资监测预警机制启动。当年,全国"弃风"较为严重的地区是甘肃(弃风率 43%、弃风电量 104 亿 kW·h)、新疆(弃风率 38%、弃风电量 137 亿 kW·h)、吉林(弃风率 30%、弃风电量 29 亿 kW·h)、内蒙古(弃风率 21%、弃风电量 124 亿 kW·h)。此外,陕西弃风率为 6.61%,青海未发生弃风限电现象。光伏发电方面,新疆、甘肃光伏发电运行较为困难,弃光率分别为 32.23% 和 30.45%。宁夏弃光率 7.15%,青海弃光率 8.33%,陕西首次发生弃光限电情况,弃光率为 6.89%。因此,由于 2016 年弃风率居高不下,新疆、甘肃、内蒙古、宁夏、吉林、黑龙江 6 省(自治区)被核定为红色预警省份。2017 年,甘肃并网运行情况仍不乐观,弃风率和弃光率分别达到了 32.7% 和 20.8%。2018 年,全国弃风限电量 277 亿 kW·h,同比减少 142 亿 kW·h,全国弃风率下降至 7%,下降约 5 个百分点,实现弃风电量和弃风率"双降"。大部分弃风限电严重地区的形势均有所好转。2019 年全国弃风电量 169 亿 kW·h,同比减少 108 亿 kW·h,平均弃风率 4%,同比下降 3 个百分点,弃风限电状况得到进一步缓解。其中,弃风率超过 5% 的地区是新疆(弃风率 14.0%、弃风电量 66.1 亿 kW·h)、甘肃(弃风率 7.6%、弃风电量 18.8 亿 kW·h)、内蒙古(弃风率 7.1%、弃风电量 51.2 亿 kW·h)。3 省(自治区)弃风电量合计 136.1 亿 kW·h,占全国弃风电量的 81%(表 2.1)。

表 2.1　主要省(区)弃风率(%)

省(区)\年份	新疆	甘肃	宁夏	内蒙古	辽宁	吉林	黑龙江
2015 年	32.0	39.0	13.0	18.0	10.0	32.0	21.0
2016 年	38.4	43.1	13.1	21.0	13.0	30.0	19.0
2017 年	29.8	32.7	4.8	15.0	8.0	21.0	14.0
2018 年	22.9	19.0	2.3	10.3	1.0	6.8	4.4
2019 年	14.0	7.6	1.9	7.1	0.4	2.5	1.3

风电和光伏发电高速增长的背后凸显两大问题:一是补贴资金缺口急剧扩大;二是"弃风弃光"率很高。补贴资金缺口,即政府每年从可再生能源附加收

取的资金远少于补贴需求,形成补贴资金缺口。由于风电和光伏发电的生产成本较高,国家一开始就采取补贴驱动政策。2006 年出台的《中华人民共和国可再生能源法》提出,在全国范围对销售电量征收可再生能源电价附加补偿。这一电价附加补偿经过 5 次调整,从 2006 年的 0.001 元/(kW·h)增加至目前的 0.019 元/(kW·h)。然而,若补贴全部以可再生能源附加的形式解决,按照 2020 年发展风电 2.2 亿 kW、光伏电 1.2 亿 kW,煤电、风电、光伏价差不动计算,"十三五"期间可再生能源电价附加需要调整为 0.025 元/(kW·h)。因此,从 2014 年开始,风电和光伏发电行业大规模投资增长导致补贴资金缺口急剧扩大,缺口数额从 2014 年年底的 140 亿元增长到 2018 年的 1200 亿元。从最优税收的角度,如果化石能源的污染税和碳税缺失,那么就有必要对风电和光伏发电进行绿色补贴。给定当前的装机容量,如果以项目补贴周期 20 年计,大致可估算中国对风电和光伏发电的总补贴金额将在 2 万亿元以上。"弃风弃光"率问题方面,电力的供给和需求必须实时平衡,但风电和光伏发电都缺少稳定性,只有在有风有光的条件下才能发电,最终因供需不匹配造成"弃风弃光"率较高。

解除"红色预警"的当务之急,是强化电源和电网全局统筹、均衡发展,避免新能源装机远超电网承接能力的前车之鉴。新能源"单兵突进"超常规开发模式远超电网和消纳市场承接能力,是造成甘肃前一阶段"弃风弃光"问题突出的主要原因。因此,在后期建设中,需要甘肃省在顶层设计方面对全省的电源和电网统一规划、统筹建设,避免由于配套电网和外送通道难以匹配新能源装机容量,导致高"弃风弃光"困境重现。甘肃在 2016—2018 年连续 3 年被国家能源局列入新能源消纳红色预警省份后,积极统筹电源与电网的协调发展,加大电力外送,2020 年上半年,实现电能替代电量 77 亿 kW·h,同比增长 46.7%。新能源利用率达 94.41%,较 2017 年增长 24.41 个百分点,推动国家能源局解除了新能源投资红色预警。国家能源局于 2020 年 3 月 30 日发布的新能源监测预警结果显示,风电预警结果总体为橙色,其中河东地区为绿色;光伏评价结果河西地区为橙色,其他地区为绿色。由此,也代表着自 2016 年开始的新能源红色预警正式解禁。

2.2 "能源不可能三角"理论

  "能源不可能三角",也称为能源三元悖论。其概念最早被提出是用于解读一个国家的金融政策:各国货币政策的独立性、汇率的稳定性、资本的完全流动性,在这三者之中,一个国家只能三选二,不可能三者兼得。而在能源层面,"能源不可能三角"指的是无法找到一个能源系统同时满足"能源环境友好""能源供给稳定安全""能源价格低廉"这三个条件。而目前"碳达峰、碳中和"设定了强排放约束,能源供给稳定安全和能源价格低廉成为考虑的重点问题。而其中能源供给稳定安全是保障国计民生的基础,因此经济发展方面的考量成为解决问题的关键。

  能源环境友好和能源价格低廉难以同时实现。一方面,为改善环境质量,政府不断提高环保标准,引入可再生能源。但由于提升光伏、风电、水电和核电的比重需要额外的系统成本、备用成本和传输成本,将这些因素都考虑进来,新能源的发电成本会远远超过化石能源,不可避免地抬高能源的价格,其比例的提升会更为艰难。以煤炭和电力市场为例,为了减少燃煤机组对环境造成的污染,国家逐步提高环保标准,对燃煤机组进行改造,加装脱硫脱硝设施,倒逼小机组退出市场。然而,由于燃煤机组发电等行业都处在产业链的上端,当将其所造成的负外部性内部化后,上游产业成本提高,环境治理的成本会最终传导到居民端,居民面临的能源价格提高,负担加重。相似地,电力市场绿色证书交易制度的建立,确实提升了可再生能源的比例,减少了 CO_2 排放。但是购买绿色证书的成本加上可再生能源本身的净销售价格会使得消费新能源的用电成本依旧高于消费火电的成本,且对绿色证书需求的急剧上升会吸引高价光伏绿色证书进入市场,抬高部分企业和居民的用能成本。另一方面,为保民生,政府放开能源市场竞争,利用补贴等政策降低企业和居民的用能成本,使能源价格更加低廉,但这又会与能源绿色清洁的目标相冲突。低电价更刺激了电力成本占很大比重的高耗能产业的发展,增加了污染排放,环境进一步恶化。

  经济高速增长和高质量发展难以同时实现。"两个一百年"目标希望我国可以保证 4%～5% 的增长速度,但治理环境往往意味着我们要改变现有的粗放型增长模式,放弃高污染型产品所带来的收益,通过降低增长速率来保证增长的质量。中国的经济增长主要依靠的是要素资源的大量投入,而非全要素生产率的大幅提升,产业增长呈现出对投资和资源高度依赖的特征。根据统计数据:中国工业的终端能源消费量远远大于农业部门、建筑业部门和生活部门,占比持续大于 68%,而其行业增加值占比如图 2.2 所示。此外,图 2.3 展示了2011—2020 年 GDP 增速与能源消费增速的变化趋势。由此可见,两者之间存在一定的相关性,2017 年以来能源消费总量均处于低速增长状态,实现了以较低的能源消费增速支撑经济的中高速发展。由此可见,在产业结构调整阶段,要想减少污染物排放、改善环境质量,就势必会牺牲一部分 GDP 的增长,而是否应该牺牲以及要做出多大程度的牺牲都是矛盾所在。

建立高效的能源经济体系、平衡生态环境保护与经济社会发展之间的关系,是当前甘肃省乃至中国经济中长期发展的重大命题。现代能源经济体系的建立需要以资源禀赋、技术发展水平和经济发展为基础,实现市场和政府之间合理分工协调、能源结构逐步优化和能源运行机制完善高效,解决市场失灵,减少能源不平等和保障国家能源安全。即便如此,甘肃省仍面临能源价格合理、能源供给充足和能源清洁环保这 3 大目标难以同时实现的"能源不可能三角"。基于此,在禀赋和偏好下进行权衡抉择尤为重要。在需求侧,以经济增速放缓为代价,淘汰部分高耗能企业和产品,优化产业结构;在供给侧,以增加企业和个人的用能成本为代价,提升非化石能源比重和实现化石能源的清洁利用,优化能源结构,以助力实现"双碳"目标的达成。

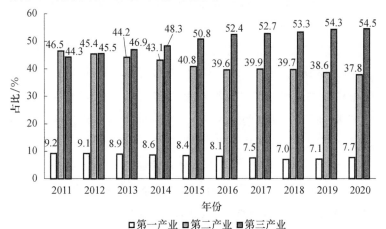

图 2.2　分产业能源消费占比

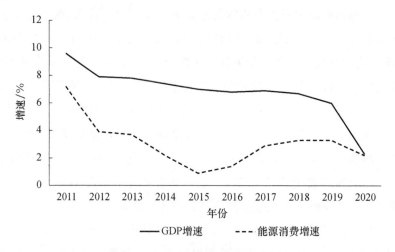

图 2.3　GDP 增速与能源消费增速

2.3　新能源发展新机遇

2018 年以后,中国通过一系列改革试图解决新能源消纳问题。随着新能源领域技术进步,以及新的商业模式出现,尤其在光伏发电和风电领域,成本下降非常迅速。首先,最重要的措施是全面推广电价竞标,即上网电价不再由政府定价而是由市场竞争来决定。由此消除价格管制,同时引入补贴的价格竞争机制。此举首先解决了政府定价中的信息不对称问题,真实还原发电成本。光伏发电行业在国家能源局《关于 2018 年光伏发电有关事项的通知》(简称"531"新政)后全面推广电价竞标,新增装机从 2017 年的 53 GW(1 GW 等于 100 万kW)超大规模降到了 2019 年的 30 GW。2020 年,参与价格竞标的 26 GW 项目中,最低竞价为 0.2427 元/(kW · h),加权平均 0.372 元/(kW · h)。2020 年,平价上网项目为 33 GW,同时,自 2021 年起取消新核准的陆上风电补贴。其次,引入了企业竞争。将发电项目资源配置到经营效率最高的企业,有利于高效率企业的做大做强以及行业整合,因此,2018 年以后行业的整合度大幅增加。此外,2019 年 5 月 10 日,国家能源局正式发布《关于建立健全可再生能源电力消纳保障机制的通知》。经过 10 余年酝酿、博弈、征求意见之后,可再生能源配额制对每个省制定了最低可再生能源消费占比额度,以可再生能源电力消纳责任权重的形式落地,致使 2020 年全国电源新增装机容量达 19087 万 kW,其中水电 1323 万 kW、风电 7167 万 kW、太阳能发电 4820 万 kW。

　　"双碳"目标的提出也为可再生能源产业的进一步发展提供了契机。碳达峰、碳中和目标指引并推动着中国能源产业不断向低碳高质量方向发展,力促经济、能源与生态协同共赢。然而,传统的粗放式发展模式已经无法适应当前需求,实现"双碳"目标,需要推动传统能源结构的调整重构,实现能源低碳转型。节能减排是实现能源低碳转型的首要选择,可再生能源发展是实现能源低碳转型的主要方式,清洁高效利用是实现能源低碳转型的重要途径。为此,2020 年我国有关部门发布了《关于促进非水可再生能源发电健康发展的若干意见》《关于建立健全清洁能源消纳长效机制的指导意见(征求意见稿)》和《关于开展跨省跨区电力交易与市场秩序专项监管工作的通知》,分别从新能源补贴、消纳和市场交易方面制定了相关政策。此外,针对风电发展,我国有关部门于2019 年 5 月和 12 月分别发布了《国家发展和改革委员会关于完善风电上网电价政策的通知》和《2019 年风电项目建设工作方案》,推进了平价上网电价项目的开展。同时,光伏产业被列为西部地区新增鼓励类产业。

　　能源转型进程中,一些诸如储能、氢能、能源互联网等新技术的突破,有可能重塑能源系统,新的能源系统将更具有柔性、开放性和兼容性。在储能的应用中,能源的大规模接入会对电网安全稳定带来冲击,大规模储能可以用来减少波动性,避免对电网的冲击;分布式就地消纳虽然可减少对电网的冲击,但小型储能系统仍然是这种分散式利用商业化的必要条件之一。而氢能作为洁净的二次能源,能方便地转换成电和热,具有转化效率高、来源途径广、噪音低以及零排放等优点。其将广泛应用于交通运输行业并颠覆能源格局,技术成熟氢能汽车将取代传统燃油汽车和"传统"电动汽车。同时,采用可再生能源实现大规模制氢,可能实现由化石能源顺利过渡到可再生能源的可持续循环,催生可持续发展的氢能经济。此外,数字化、能源互联网、微电网、虚拟电厂、区块链等领域的技术进步,也逐渐渗透至能源系统内部,不仅有利于提高能源系统的包容性,而且更加丰富了新能源利用的商业模式,对新能源产业将是新的机遇。

　　为了"双碳"目标的如期实现,在相关政策的扶持下,急需充分利用新能源存量优势,加速完善新能源发展的基础设施建设、理顺制约新能源发展的管理体制等瓶颈,构建以新能源为主体的新型电力系统,保障新能源顺利消纳。

2.4 新能源发展面临的挑战

　　判断新能源的发展成绩不能唯规模论,必须要考虑发展速度与质量,其中新能源消纳始终是个关键点。与传统化石能源不同,风能和太阳能固有的随机性、间歇性和不稳定性,会对电网的安全稳定运行带来极大的不利影响。为了"碳中和"目标的实现,提高可再生能源占比是必然途径。当可再生能源规模大幅提升时,电网的消纳瓶颈将会显现。

　　在"碳中和"目标指引下,人们对风电、光伏等新能源产业发展热情高涨。国家能源局公布的数据显示,2020 年,中国新增风电装机 7167 万 kW、太阳能发电 4820 万 kW,风光新增装机之和约为 1.2 亿 kW,远超市场预期。考虑到 2030 年中国风电、光伏发电总装机容量达到 12 亿 kW 以上的目标,持续暴增的新能源装机量将面临消纳困境。尤其是资源富集地与电力消费不匹配及技术因素、体制障碍等诸多问题,导致新能源消纳面临诸多问题。其中,新能源爆发式增长与用电需求增长放缓矛盾突出,是消纳难的一个方面。2012—2016 年,全社会用电量年平均增长率 4.5%,风电装机容量年平均增长率 26.4%。近 5 年来,全国用电量年均增长 5%,同期电源装机年均增长近 10%,新能源装机年均增长高达 30% 以上,新增用电市场无法支撑各类电源的快速增长。另一方面,缺乏灵活调节电源系统、调节能力不充足也导致消纳难。新能源发电具有间歇性、波动性等特征,大规模并网对电网稳定性、连续性和可调性造成极大影响,因此对电力系统调峰能力提出很高要求,而目前系统缺乏灵活调节电源,调峰能力不足。还有一个非常重要的原因,在于电力体制的改革程度不够,利益壁垒仍未消除。从深层次来讲,当前新能源消纳难、并网难不仅仅是新能源自身特点造成的,更是电力体制下各相关主体目标不一致,利益关系不畅所致。在国家大力倡导绿色能源大背景下,新能源具有优先上网、调度的优势,火电企业往往被迫为新能源调峰,企业利益得不到保证,形成"风火竞争""光火竞争"利益格局,尤其是在能源需求放缓时,这一问题尤为突出。

　　目前,局部地区已形成了高比例新能源电力系统。受风资源、光资源、土地资源等因素影响,当前新能源占比高的省(区)的装机仍将进一步发展。

"十四五"期间,高比例新能源电力系统将从局部地区向全国扩展且比例进一步提升。

高比例新能源加大电力系统电力平衡难度。新能源随机波动性强,高比例新能源并网将导致发电波动大幅增加。2019 年国家电网有限公司经营范围内新能源日最大功率波动已超过 1 亿 kW,山东、山西、宁夏、新疆等地区日最大功率波动已超过 1000 万 kW。在电源跟随负荷变化调节的运行要求下,其他常规电源必须跟随新能源波动调节。然而,中国电源结构以火电为主,可随新能源波动灵活调节的电源较少,未来高比例新能源并网将导致电力平衡非常困难。

高比例新能源并网导致电网安全稳定运行风险剧增。新能源发电具有弱支撑性和低抗扰性,随着新能源大规模接入,常规电源被大量替代,系统转动惯量和调频、调压能力持续降低,电网发生大范围、宽频带、连锁性故障的风险持续累积。同时,新能源机组有功调节能力不足,导致系统频率控制能力不断下降,故障冲击下电网频率跌落速度更快、幅度更大。新能源集中接入地区短路电流水平普遍较低,故障冲击下电压波动大,易引发新能源连锁脱网事故。此外,大量分布式新能源接入配电网可能引起系统功率失衡、线路过载、节点电压超限等问题,对供电可靠性带来极大挑战。

新能源发电单元与可控负荷信息感知能力不足,难以支撑精细化调控。新能源发电单元总量远超常规水电、火电机组,全国目前有超过 6000 座大型新能源电站和几百万个低压接入的分布式发电系统,未来新能源发电单元数量将达到数千万,气象环境、运行控制等各类信号数十亿个。新能源发电设备运行状态感知能力弱,运行管理极其复杂,现有信息化手段不能充分满足新能源功率预测与控制、可控负荷与新能源互动等需要。

总体来说,中国新能源发展面临几大关键性问题:一是平衡发展速度和发展质量。新能源发展过程中,一直在好与坏之间寻找平衡。而"十四五"期间,更需要实现速度和质量的平衡;二是总体与局部的差异性给政策制定带来挑战。宁夏、甘肃、内蒙古、新疆都已超过 20%,有些地区的消纳,尤其是系统性的问题仍然存在;三是集中与分散开发并举。从"双碳"目标提出可以看到,新能源的发展空间是非常大的。集中能干就干,分散能干就干,不存在集中好或分散好的问题,而是各有所长,共同发展;四是就近与跨省区消纳要同步推进。"三北"地区(东北、华北和西北)资源开发会不会重蹈弃电覆辙?其实,有了市场,"十四五"时期无论从技术上、经济上都能比较好地解决这个问题;五是进市场与不进市场的艰难抉择。市场机制设计必须适应新能源的发展与消纳,新能源要积极拥抱市场;六是本体发电成本与综合利用成本的挑战。当新能源电量占比达到 40% 时,消纳成本和本体成本基本相当。所以,"十四五"时期消纳的成本怎么更好地疏导出去,还需要寻找解决方案。

第 3 章

新能源资源特性与出力特性

3.1 风光资源特性

3.1.1 风能资源特性

中国气象局在 2009 年公布了最新的离地面高度为 50 m 的风能资源测量数据,其中达到三级以上风能资源陆上潜在开发量为 2380 GW(三级风能资源指风功率度大于 300 W/m²),达到四级以上风能资源陆上潜在开发量为 1130 GW(四级风能资源指风功率密度大于 400 W/m²),而且 5~25 m 水深线以内的近海区域三级以上风能资源潜在开发量为 200 GW。

从表 3.1 和表 3.2 发现,青藏高原东部、横断山脉、云贵高原、东南丘陵、黄土高原、塔里木盆地等地区,由于受到地形的阻挡作用较强,属于风能资源的贫乏区。

中国风能资源比较丰富的区域主要有 3 个地区。第一个地区是东南沿海地区。中国拥有漫长的大陆海岸线,海岸线长度超过 1.8 万 km,东南沿海地区冬夏季风都十分明显,同时又有海陆风的影响,沿海地区特别是海面阻力很小,风力十分强劲。中国沿海海面拥有丰富的风能资源,是建设海上风电场的理想区域。东南沿海地区经济发达,能源需求量也很大。

第二个地区是东北和西北地区。中国东北地区的辽宁、吉林和黑龙江的西部地区,以及西北地区的内蒙古全境,加上新疆的东部地区,是中国风能资源最为丰富的区域。这一地区靠近中国冬季风的发源地,也就是靠近"亚洲高压",冬半年风力强劲。同时这一地区的地形以高原地形为主,内蒙古高原是主要的地形单元,加上地广人稀,是中国建设风电场的理想区域,也是目前中国风电发展的重点区域。这一地区靠近中国能源主要的消费市场,比如华北地区。

第三个地区是青藏地区西北部。这一地区位于青藏高原西北部地区,地势海拔高而且平坦,气候十分干旱,地表植被稀疏,对风力的阻挡较弱,风力较为强劲。但是青藏地区由于海拔高,大气十分稀薄,风能的能量密度较低,利用难度较大。同时,青藏地区也远离中国主要的能源消费市场,开发条件不如前两个地区好。此外,风能的开发在很大程度上会受到其他能源如煤炭和石油的价格影响。因为风能开发成本较高,如果煤炭和石油价格低廉,风能开发就会受到抑制;反之,如果煤炭和石油价格昂贵,那么风能开发就会加速。

表 3.1 中国风能分区及占面积比

指标	丰富区	较丰富区	可利用区	贫乏区
年有效风能密度/(W/m²)	≥200	200~150	150~50	≤50
年≥3 m/s 累计小时数/h	≥5000	5000~4000	4000~2000	≤2000
年≥6 m/s 累计小时数/h	≥2200	2200~1500	1500~350	≤350
占全国面积的百分比/%	8	18	50	24

表 3.2 中国风能资源分布

风功率密度		分布地区
三北地区风能丰富带	>200~300 W/m²	三北指的是东北、华北和西北,包括东北三省、河北、甘肃、青海、西藏和新疆等省(自治区)
沿海地区风能丰富带	>200 W/m²	台山、平潭、东山、南鹿
内陆地区风能丰富带	<100 W/m²	鄱阳湖、湖南衡山、湖北九宫山、河南嵩山、山西五台山、安徽黄山、云南太华山等
海上风能丰富区		中国近海 50 m 等深线浅海域 10 m 高度,包括福建、江苏、山东、浙江、辽宁、上海、河北、广西、海南、天津等省(市)

甘肃省能源资源富集,开发潜力巨大。甘肃省在中国能源发展总体布局和"西电东输"战略规划中,是重要的能源外送基地。根据中国气象局风能太阳能资源评估中心的《中国风能资源评估(2009)》,甘肃全省有效风能资源理论储量为 2.37 亿 kW,占全国总储量的7.3%,技术可开发量 2700 万 kW,占全国的10.6%。其中,风能资源丰富区和季节可利用区域的面积为 17.66 万 km²,占全省总面积的 39%,年平均风功率密度在 150 W/m² 及以上的区域占全省总面积的 4%。甘肃省的风能资源主要分布在河西走廊。在这一绵延 1000 多千米的狭长走廊内,有"世界风库"瓜州、"风口"玉门,许多地方都有建设大中型风力发电站的良好条件。并且这里没有台风,全年最低温度不低于−29℃,适于风电机组的建设和全年运行。还有大面积的荒漠可利用,广布风电场,可以减少同一地区季风变化带来的限制,形成"此起彼伏"的优势,降低运行成本。另外,在张掖、武威、金昌、白银、庆阳北部的部分地区可装机密度达到 2 MW/km² 以上,其中个别地区能达到 4~5 MW/km²,也具备开发百万千瓦级以上大型风电场的条件。

3.1.2　太阳能资源特性

中国属太阳能资源丰富的国家之一,全国总面积 2/3 以上地区年日照小时数大于 2000 h,年辐射量在 5000 MJ/m² 以上。据统计资料分析,中国陆地面积每年接收的太阳辐射总量为 $3.3 \times 10^3 \sim 8.4 \times 10^3$ MJ/m²,相当于 2.4×10^4 亿 t 标准煤的储量。

按照中国气象局风能太阳能评估中心划分标准,中国太阳能资源地区分为以下五类:

(1)一类地区(资源最丰富带)。全年日照时数为 3200~3300 h,全年辐射量在 6700~8370 MJ/m²,相当于 225~285 kg 标准煤燃烧所发出的热量。主要包括青藏高原、甘肃北部、宁夏北部和新疆南部等地。

(2)二类地区(资源较丰富带)。全年日照时数为 3000~3200 h,全年辐射量在 5400~6700 MJ/m²,相当于 200~225 kg 标准煤燃烧所发出的热量。主要包括河北西北部、山西北部、内蒙古南部、宁夏南部、甘肃中部、青海东部、西藏东南部和新疆南部等地。

(3)三类地区(资源一般带)。全年日照时数为 2000~3000 h,全年辐射量在 4200~5400 MJ/m²,相当于 170~200 kg 标准煤燃烧所发出的热量。主要包括山东、河南、河北东南部、山西南部、新疆北部、吉林、辽宁、云南、陕西北部、甘肃东南部、广东南部、福建南部、江苏北部和安徽北部等地。

(4)四类地区(资源较少区)。全年日照时数为 1400~2000 h,全年辐射量在 4200 MJ/m² 以下,相当于 140~170 kg 标准煤燃烧所发出的热量。主要是长江中下游、福建、浙江和广东的一部分地区,春夏多阴雨,秋冬季太阳能资源还可以。

(5)五类地区(资源最少区)。全年日照时数约 1000~1400 h,全年辐射量在 3350~4200 MJ/m²。相当于 115~140 kg 标准煤燃烧所发出的热量。主要包括四川、贵州两省。此区是中国太阳能资源最少的地区。

一、二类地区,年日照时数大于 2200 h,是中国太阳能资源丰富或较丰富的地区,面积较大,约占全国总面积的 2/3 以上,具有利用太阳能的良好资源条件。

3.1.3　甘肃太阳能资源特性

太阳能资源通常用年太阳总辐射量表示,甘肃省辐射资源的平均分布状况呈现明显的区域性差异。甘肃省各地太阳总辐射值在 4700～6350 MJ/m²,其地理分布有自西北向东南递减的规律。酒泉、敦煌所在的西北部辐射量最大,年平均总量能达到 6000 MJ/m² 以上,最高处能有 6500 MJ/m²;河西走廊的年总辐射量次之,在 5500～6000 MJ/m²。最低处为甘肃省的东南部,平均为 5000 MJ/m² 左右(图 3.1)。

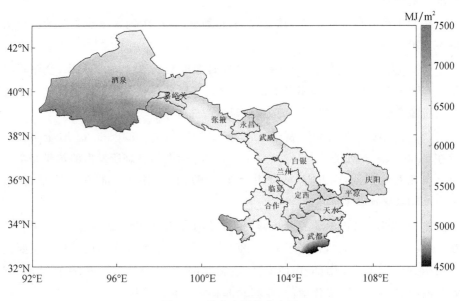

图 3.1　甘肃太阳能分布图

(1)太阳能资源丰富区。包括河西走廊的酒泉、张掖、嘉峪关全部。本区年太阳总辐射量大于 6100 MJ/m²,年日照时数 2900～3319 h,日照百分率大于 64%,每年太阳日照时数大于 6 h 的天数在 290 d 以上,太阳能资源稳定。

(2)太阳能资源较丰富区。包括金昌、武威、民勤的全部,古浪、天祝、靖远、景泰的大部分,定西、临夏部分地区,环县部分地区及甘南州玛曲的部分地区。本区年太阳总辐射量在 5400～6100 MJ/m²,年日照时数 2600 h 以上,日照百分率>58%,每年太阳日照时数大于 6 h 的天数在 260 d 以上,本区大部分地区太阳能资源稳定,个别地区属于资源较稳定区。

(3)太阳能资源可利用区。包括天水、陇南、甘南地区大部。本区年太阳总辐射量在 4700～5400 MJ/m²,年日照时数小于 2600 h,日照百分率<58%,每

年太阳日照时数大于 6 h 的天数在 150 d 以上,本区大部分地区太阳能资源属于较稳定,个别地区属于资源稳定。

3.2 风光出力特性

3.2.1 风力出力特性

根据测风数据,风电出力呈现明显的季节特性,具有冬春季较小、夏秋季较大的特点。风电基地在一年的大部分天内,会有风速在接近零风速与额定风速之间变化的情况。与此对应,风电出力在全天大部分时间内都会有在接近零出力与额定出力之间变化的现象。酒泉风电基地折算后的日平均出力波动范围很大,最小值接近于 0,最大值接近于 24 h 满出力。风力发电具有一定的季节性,同时风力发电出力还与地理环境等综合因素有关。其时序特性曲线如图3.2 所示。

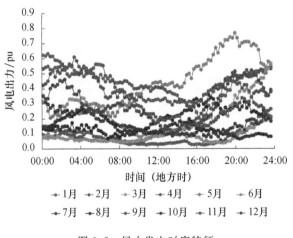

图 3.2 风力发电时序特征

3.2.2 光伏出力特性

光伏出力与光照情况相关,呈现典型的钟形曲线(图 3.3),光伏最大出力一般发生在中午 12:00 至 13:00,晚 18:00 至早 6:00 光伏出力接近 0。光伏发电除了具有一定的季节性,光伏发电出力不仅与季节有关还与天气有关。光伏电站日出力主要受天气影响(图 3.4)。在晴朗天气,光伏电站在白天中午时分出力达到最大,且曲线比较平滑,出力分布较规律;在多云天气,出力的白天时段分布没有规律。受光照强度和温度影响,光伏电站一般在春季、冬季发电出力较大。从甘肃、青海地区光伏电站的年出力分布来看,平均出力呈现春秋季较大、夏冬季较小的特点。由于用电负荷一般在夏冬季较大,因此,光伏电站对于满足高峰负荷的贡献度有所降低。

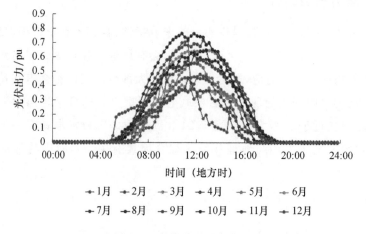

图 3.3　光伏发电时序特征

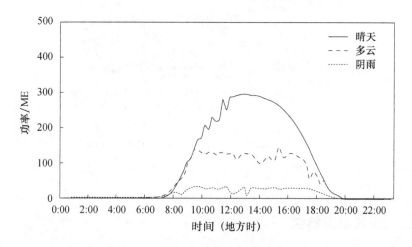

图 3.4　不同气象条件下的光伏电站每日出力曲线

3.3　新能源总体出力特性

3.3.1　新能源出力波动性

新能源发电功率的大幅波动对电网影响非常大。按照甘肃省实际情况，10:00—17:00 新能源发电能力强，13:00 出力达日均出力的 175%；其余时段新能源发电能力较弱，降到平均出力的 70% 以下。以日内均值为基准，新能源平均波动范围为 66%～175%，波动幅度超过了 100%。日内新能源最大波动幅度曾出现 15 h 内从 1422 万 kW 下降到 84 万 kW 的情况，波动幅度接近当日平均用电负荷(1371 万 kW)。

3.3.2　新能源出力随机性

新能源出力的随机性极强，短期超短期预测难度极大，一是因数值天气预报的偏差导致预测大幅偏差(图 3.5)；二是时间的准确性难以保证，发电趋势与预测一致，但时间有可能提前或推迟(图 3.6)。

为了促进新能源消纳，甘肃电网在安排火电机组开机方式时按照晚高峰无风情况下负备用 200 万 kW 控制火电机组开机方式，为新能源腾出更大的消纳空间。但受新能源发电随机性及反调峰特性影响，经常造成晚高峰时电网电力无法平衡，在西北电网整体负备用成常态化的情况下，系统备用不足风险逐步加大，会造成甘肃电网大量购入外省电量或者降直流运行。

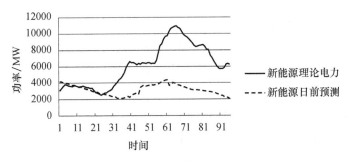

图 3.5　因天气预报的偏差导致的预测大幅偏差典型图

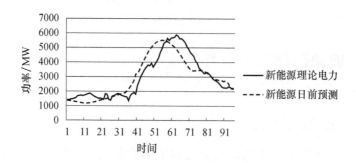

图 3.6　趋势一致而时间有偏差的典型图

3.3.3　新能源高电力、低电量特性

　　风电出力随机性和波动性强,发电出力特性的统计分析难度大。根据特许权风电场运行特性分析,其发电出力、发电量统计数据表明,风电场发电出力达到装机容量的 40%,所发电量可占到总可发电量的 74%;95% 的发电量产生于出力低于额定容量的 70% 时刻,具体统计结果见图 3.7。

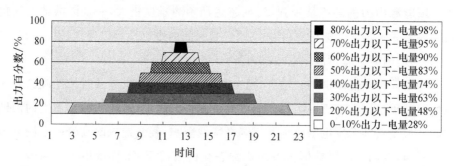

图 3.7　风电不同出力所占总发电量比例

　　根据特许权项目等不限电光伏电站发电出力、发电量统计数据表明,光伏电站发电出力达到装机容量的 50%,发电量可占到总可发电量的74.86%,95% 的发电量产生于出力低于额定容量的 70% 时刻,具体统计结果见图3.8。

　　新能源的这种特性决定了增加外送及用电负荷,实际是提升了新能源的发电负荷率。当负荷率越高,其可增发电量越小,电网所需要的常规电源调峰电量越大。

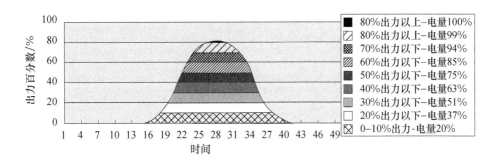

图 3.8　光伏不同出力所占总发电量比例

3.3.4　新能源反调峰特性

由于甘肃省风电装机占比大，甘肃省风电基本全部表现为反调峰特性。光伏虽然在平段及早晚高峰发电，但最大出力已经超过全网峰谷差，正调峰率只有 50%。以新能源出力波动最大日发电曲线可以看出，虽然新能源日发电量很大，但集中在用电低谷期间，而晚高峰用电高峰期间，新能源出力偏低，与用电负荷波动特性严重不匹配，呈现出典型的有电力，无电量特性(图 3.9)。

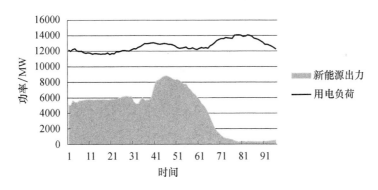

图 3.9　新能源反调峰特性图

自甘肃省新能源快速发展以来，甘肃省电力系统由传统的只需平衡负荷波动，转换为既需要平衡负荷波动，又需要平衡新能源出力波动，系统对常规电源的调峰需求增加。

新能源消纳受限情况

4.1 国外新能源消纳受限情况

4.1.1 美国弃风、弃光情况

美国通过区域传输组织（RTOs）和独立系统运营（ISOs）来管理整个输电系统的运行,美国各个区域风电、光伏消纳情况良好,有一定弃风现象,均在5%以内,弃光现象只在美国得克萨斯州（简称得州）和加利福尼亚州（简称加州）出现,加利福尼亚州弃光率缓慢增加,在2%以内,得克萨斯州2018年弃光率为8.6%（图4.1）。

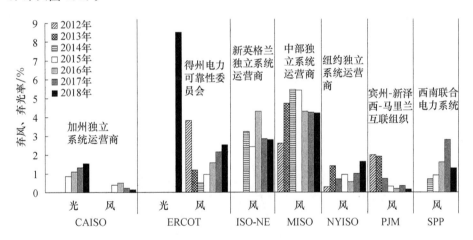

图 4.1 美国各电力机构弃风、弃光率

美国弃风、弃光主要原因包括:系统调峰能力不足、市场价格低于预期、新能源参与辅助调峰服务、线路约束和意外的线路中断、异常情况的紧急调度。

美国采取的主要措施包括:

电源——提升风光预测模型精度,提高常规机组灵活性。

电网——扩建远距离输电线路,提高已有线路利用率,加强区域协调。

负荷——采用分时电价,进行适当的需求侧管理,扩大电动汽车规模。

政策——通过立法保证新能源享有税收优惠和发电补助。

运行——优化火电机组发电/启停计划,新能源接受自动发电控制 ACG

（Automatic Generation Control)的控制,减小调度间隔。

市场——新能源参与实时交易市场,通过负电价引导自愿弃风、弃光,规定无偿弃风、弃光的基数和有偿弃风、弃光的补偿办法。

储能——优化储能充放电策略,合理配置储能电站,引入氢储能、化学储能等项目。

规划——提高负荷中心南部地区新增新能源装机容量配额。

4.1.2 德国弃风、弃光情况

德国光伏近10年弃光率均在1%以内,其风电从2015年开始出现了一定的弃风现象,弃风率达到5%。该年新能源装机容量增长快,且由于风电主要分布在人烟相对稀少的北部和东部地区,而德国电力负荷中心分布在人口较稠密的南部地区,部分时段输电网阻塞,弃风电量从2014年的1.2 TW·h增加到2015年的4.1 TW·h(图4.2)。

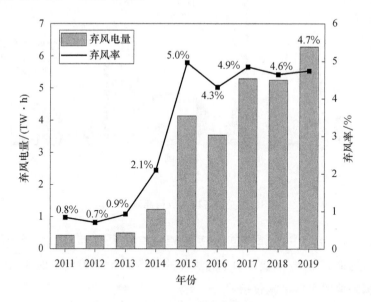

图4.2 2011—2019年德国弃风情况

德国弃风、弃光主要原因包括:该年风力资源与历史均值相比更为丰富,大风期持续时间更长,全年的风力发电量较之前增长迅猛。风电集群和负荷中心分布的不一致,导致输送通道拥堵,本地无法消纳的电能难以送出。

德国采取的主要措施包括:

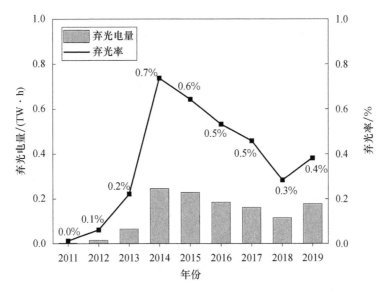

图 4.3　2011—2019 年德国弃光情况

电源——改进与可再生能源相关的天气预测，提高常规机组灵活性。

电网——扩建远距离输电线路，提高已有线路利用率。

负荷——推进电能替代，组建负荷聚合商或虚拟电厂参与辅助服务市场。

政策——德国可再生能源法案规定可再生能源拥有优先发电权。

规划——提高负荷中心南部地区新增新能源装机容量配额。

总的来说，仅看欧洲单一国家或许有些国家新能源接入比例很高，但其弃风、弃光率又非常之低甚至为 0，这似乎与前文所述"新能源具有不确定性，高比例接入弃风、弃光不可避免"这一论点相悖。然而事实上，"高渗透率低弃风、弃光率"是建立在强有力的欧洲互联电网之上的。丰富的传输通道，合理的电力市场机制，使得这种现象成为可能。

4.2　国内新能源消纳受限情况

中国新能源发展规模持续领跑全球，以风电、太阳能发电为代表的新能源逐渐显现出从替代电源向主流电源发展的喜人态势。新能源消纳形势取得显著好转,弃电量持续下降,新能源利用水平不断提高。新能源是中国能源转型的主要力量,未来还将持续快速发展。在新能源持续发展的情况下,新能源消纳也将面临新的挑战。

技术因素是客观影响新能源消纳的主要因素之一。一是系统调峰能力。随着经济产业结构调整、用电结构及电源结构的变化、电网峰谷差逐渐加大,目前我国弃风、弃光主要集中在"三北(华北、东北、西北)"地区。这些地区有较长的供暖期,电网冬、夏季调峰矛盾突出;二是系统备用水平。高占比新能源地区需要保证足够的备用容量保证电网安全稳定运行。光伏昼夜出力特性、风电季节性、水电丰枯调节能力、火电供暖期等不同的特性,对系统灵活备用空间提出更高的要求;三是网架送出能力。我国资源分布与负荷中心分布有较大的差异,"三北"地区负荷占全国总负荷的比例仅为36%,但集中了全国75%以上的新能源装机。其中,内蒙东、甘肃、宁夏、新疆新能源渗透率超过100%,"三北"地区作为大规模新能源送出基地,受制于区域电力需求、网架结构、送出通道等约束,新能源消纳能力有限,需要进一步加强就地及外送消纳能力提升;四是负荷水平。受制于地域及经济增速的影响,全社会用电量和负荷需求增长缓慢,负荷增长速度严重滞后于新能源装机增长水平,系统调峰难度进一步加剧。

4.3 甘肃新能源消纳受限情况

在"十四五"及今后一段时期内,甘肃省以风、光为主的清洁能源将迎来新一轮大规模发展机遇。但受煤电发展放缓、新能源大规模发展等因素影响,甘肃省电力系统调节能力不足的问题将愈加凸显。作为目前国内外风光电比例最高的省份,其风光电建设规模远远超过全省用电市场需求,省内需求不足、外送有限导致市场消纳能力严重不足。从并网运行角度来看,甘肃省新能源发电受限原因主要包括:电网建设与新能源发展不协调不匹配、个别地区消纳能力不足、部分时段系统调峰能力不足和局部新能源富集地区通道送出受限。

(1)省内消纳空间不足且负荷特性与新能源发电特性不匹配。2020年省内用电增长有限,新能源、水电、热电、电网安全约束电量等优先发电电量大于省内用电电量,新能源省内消纳空间仅170亿kW·h。甘肃电网日负荷呈现明显的"双峰双谷"特点,而光伏发电主要集中在 11:00—16:00,例如,在此时间段的平均出力约在 2000 MW。风电发电具有较强的随机性和波动性,日与日之间最大发电能力可相差 5 倍以上。负荷特性与新能源发电特性的不匹配导致早、晚用电高峰新能源发电能力不足与中午用电低谷时段新能源消纳能力不足并存(图 4.4)。

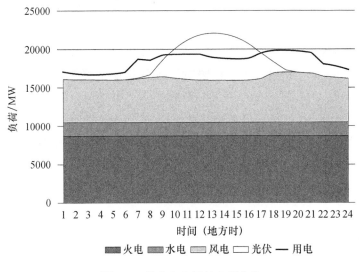

图 4.4　甘肃省电网日负荷曲线

(2)中长期外送交易与电网特性和新能源发电特性不匹配。甘肃省内用电负荷增长缓慢,新能源无法就地消纳,需开拓外送市场。目前,甘肃省电力总体上供大于求,属于电能输出型省份,年均富余电量已超过 300 亿 kW·h,并逐年增加。而与此相对应,甘肃省仅有祁韶直流一条自有输电通道,远少于宁夏、青海、新疆、陕西、内蒙古等周边省(自治区)。另外,由于祁韶直流的配套火电厂机组未能完全建成投运,导致祁韶直流无法满功率运行。此外,甘肃电网二季度、三季度水电量较大,省内用电量较小,电力电量大量富余;一季度、四季度水电供应较小,火电机组因供热约束出力受限,而此时是省内用电高峰期,考虑外送后将出现时段性电力供应紧张,无法满足冬季受电省份旺盛的购电需求。

(3)基础保障性电源不足,影响电力安全供应。冬季是省内用电高峰,甘肃省冬季风电资源远低于全年平均水平,加之进入枯水期水电发电能力下降,火电机组因供热约束出力受限,2021 年冬季约有 2/3 时段存在电力缺口,最大缺口 400 万 kW,电量缺口 46 亿 kW·h。随着"十四五"期间省内用电持续增长,除直流配套煤电外,省内规划自用电源无新增煤电,"十三五"核准的 614 万 kW 煤电项目仍处于停缓建状态,新能源发电"靠天吃饭",可靠性电源不足的问题非常突出,加之周边省份电力支援能力有限,省内供电安全将面临严峻考验。

(4)调峰能力缺口较大,制约新能源发展。新能源出力波动大,需要配置一定规模的火电、储能作为辅助,才能形成平稳的电力曲线。调峰能力不足是制约甘肃省新能源消纳的首要因素。随着新能源装机占比进一步提高,甘肃省电力系统主要依靠煤电调峰,系统现阶段最大调峰能力仅 730 万 kW 左右,而省内调峰实际需求为 850 万~1050 万 kW,且热电机组占比高,总规模占全省火电总装机的 60.9%,同时,冬季供暖对系统调峰能力影响也比较大。2021—2023 年甘肃省存在 340~600 万 kW 调峰缺口,"新能源大发期间消纳困难、新能源小发期间电力供应紧张"矛盾将愈发突出。因此,如何解决甘肃省调峰问题将会对省内加快构建以新能源为主体的新型电力系统、推动经济社会发展全面绿色转型产生重大影响。

4.4　新能源消纳受限启示

一是新能源发展必须与电网发展和常规电源发展统筹协调。在欧洲新能源发展较快的国家,在电网规划中高度重视发挥电网综合平衡能力。政府出台了新能源保障性收购的法律或政策要求,在具体落实过程中,虽然提出未来 10~20 年新能源发展目标,但都没有拿出实现目标的具体步骤,明确电源安排、消纳市场、电网工程等。新能源发电要求有必要的灵活性,各国电网在规划、运行中都充分考虑到新能源的特殊性,首先加强抽蓄、燃机、水电等灵活调节电源建设,挖掘燃煤机组的调峰能力,弥补新能源出力的不确定性。其次加强传输通道、电网互联服务,保证当地不能消纳的新能源可以外送到其他有需求的国家或地区,并且在自身电源及新能源发电不能充分满足用电需求时,通过联络线获得外来电力补充。此外,出于电网安全考虑,建立火电机组储备机制。德国近年计划关停部分火电机组,电网运营商和德国联邦网络监管局每年都会校核电网是否安全、是否具有足够的运行灵活性,系统需要保留一定的火电机组作为安全保障,将这些电厂列为战略储备,避免被盲目关停。

二是建立新能源消纳的市场化机制是发展方向。国外新能源均从不参与市场竞争、电网全额收购、政府补贴政策,转为建立了可再生能源市场竞价和政府补贴相结合的市场化消纳机制。国外在新能源发展初期,固定上网电价加全额收购是新能源发展初期为推动产业快速发展的有效激励政策,但是随着新能源规模增大,补贴额度不断增加以及对电网运行的影响日益凸显,建立合理的政府补贴机制后参与市场,已成为新能源发展的政策调整方向,通过新能源参与市场竞价,也培育了新能源"自主决策、自负盈亏"的市场化消纳意识,鼓励其提高功率预测水平,实现新能源的资源配置。

三是新能源发展需要依托大电网,在更大空间和市场范围内消纳。新能源发电具有反调峰、间歇性和波动性等特点,扩大市场范围可以"熨平"新能源发电曲线,充分发挥联网机组的调节能力。目前欧洲电网已基本互联,各国电网之间功率交换能力比较充分。同时,在欧盟统一电力市场的建设目标的指导下,欧盟各国市场间相互开放,逐步向统一电力市场发展,促进了新能源的消纳。目前欧洲各国在欧洲输电运商联盟 ENTSO－E(European Network of Transmission System Operators for Electicity)的协调下,签订国与国之间中长期交易,在此基础上,7 个主要市场(交易所)已经实现了日前和日内市场联合出清,新能源在欧洲电力市场统一竞价,实现了新能源在其他市场消纳。

四是加强新能源功率预测以更好地适应市场和运行。调度机构开展新能源功率预测主要用于安排常规机组开机方式、留取旋转备用等用处,提高预测准确率有利于减小常规火电机组开机方式,增加新能源消纳能力。近年来国外调度机构在风电和太阳能日前、日内功率预测方面进行了持续改进和提升,提供新能源预测的社会机构已经实现了商业化竞争,调度机构可以进行多数据源对比分析,预测算法和系统功能逐步成熟,预测误差进一步缩小,中国调度机构在此方面仍有提升空间。同时,新能源发电企业出于参与市场需要,普遍开展功率预测工作,通过对自身发电能力的准确掌握更好地参与市场,降低市场竞争风险。

五是充分发挥需求侧响应机制促进新能源消纳。建立新能源参与的市场机制,可以根据市场价格信号引导电力用户改变用电行为,优化负荷特性,增加新能源消纳能力。同时,负荷波动和新能源发电波动的偏差部分一般由常规电源配合调整,在常规电源调节能力不足时,可以发挥负荷侧的调节能力。西班牙建立了可中断负荷市场机制,在新能源发电大幅低于预期时,调度机构根据拍卖结果,通知可中断负荷减少用电。在中国建立可中断负荷市场化机制,可以在新能源预测偏差较大时,为调度机构提供常态化的负荷调整手段,起到减少火电机组开机方式、提高新能源消纳能力的作用。

六是发展新能源需要考虑清洁低碳和经济性安全性的权衡。新能源消纳比例较大的国家普遍存在补贴额巨大,终端用户电价持续上涨的压力。促进新能源消纳发展要求相应降低煤电、核电、燃气等传统能源的发电利用小时和电厂数量。德国在发展新能源后,关停一定数量的燃煤电厂,2022 年前还将关闭国内所有核电站。发电企业投资积极性下降,缺少长期投资激励机制,影响电力系统安全水平。

第

5

章

电网调峰能力及提升措施

5.1 电网调峰能力分析

5.1.1 甘肃电网调峰能力分析

调峰能力是制约甘肃电网接纳风电、光电能力的重要因素。高比例新能源发电使甘肃电网调峰压力增大。风能发电出力随机性强,波动性大,反调峰特征明显,基本无法与负荷匹配;太阳能间歇性、波动性特点决定了其出力稳定性难以保证。火电和水电作为重要的调峰电源,二者参与调峰的原理都是将调峰电源和新能源发电出力进行叠加,使得总体出力基本恒定。火电调峰能力较好,但调峰成本高,且深度调峰时火电年利用小时数大大降低,影响火电效益。水电调峰是利用水库的调节能力降低水电出力进而提高新能源出力,其调峰深度、成本和响应速度都较为理想。对于甘肃电网调峰能力和快速反应能力不足的问题,在充分发挥黄河上游常规水电调峰能力的基础上,配置一定规模的抽水蓄能电站,可以增强电网调峰能力,并相应提高电网接纳风电、光电的能力。

甘肃电网内火电以热电机组居多,冬季调峰能力有限,具备年调节特性的水电所占比重小。一般情况下,由常规火电承担基荷,经济火电、热电和径流水电承担腰荷,抽水蓄能水电、调节灵活的水电和不经济的火电承担短时峰荷。

(1)火电调峰能力分析

火电机组的调峰能力是指火电机组跟踪系统负荷变化的能力。火电机组调峰通常可分为正常基本调峰、深度调峰和启停调峰,深度调峰又分为不投油深度调峰和投油深度调峰。

如图 5.1 所示,其中 P_{max} 为机组最大出力;P_{min} 为给定的机组最小运行方式出力,即火电机组有偿调峰基准负荷值。当火电机组平均负荷率在 P_{max} 和 P_{min} 之间时提供基本调峰辅助服务,火电机组平均负荷率小于或等于 P_{min} 时提供有偿深度调峰辅助服务。P_a 为机

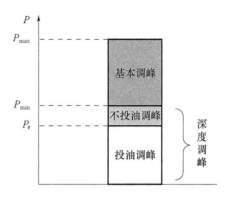

图 5.1　火电机组调峰深度

组不投油深度调峰稳燃负荷值。

火电机组深度调峰交易采用"阶梯式"报价方式和价格机制,即不投油深度调峰报价区间为 0～0.4 元/kW·h,投油深度调峰报价区间为 0.4～1 元/kW·h。

甘肃电网火电调峰能力不足。火电为新能源调峰是指降低火电出力,提高风光发电出力。火电调峰成本高,深度调峰时运行小时数大大降低,目前甘肃电网火电年利用小时数在 3500 h 左右,火电机组最大调峰能力只有装机容量的 50%,即使在冬季火电大发期,全省最大调峰能力也只有 400 万 kW 左右。在水电大发期(5—10 月)、火电按照最小开机、最小技术出力运行方式下,低谷及早高峰时段基本无调峰能力,高峰时段最大调峰能力约 200 万 kW。目前甘肃省纯凝火电机组调峰能力只有 50%,受供热抽汽影响,热电联产火电机组调峰能力只有 40% 左右,调峰能力不足严重影响新能源消纳和电网运行灵活性。甘肃电网新能源消纳受到常规能源调峰能力不足的严重限制,若想解决火电为风电频繁调峰,火电企业运营困难,保证新能源发挥最大效益,需要国家制定相应新能源与火电配套电价政策。

火电关停风险影响调峰安全。一是煤电发电量无法满足省内需求。如果甘肃公网火电利用小时数从目前 2900 h 增加到 5000 h,需要增加煤炭消耗 1800 万 t 左右,现有的煤炭供应形势是难以支持的。二是火电安全问题。高煤价和煤炭质量下降是严重挤占火电的利润空间和现金流,造成火电企业困难;火电企业为了追求利用小时数,被迫将纯凝机组改供热运行,或者寻求非供热季常年供热,为电量而被绑在供热上,但在热价上又陷入"以电补热"的圈子里,进一步加剧了亏损,使火电基本无利可图。目前甘肃电网火电关停的苗头已经出现,一味压低火电企业发电量必然导致火电企业亏损扩大,导致大量火电企业无钱买煤被迫停运,将严重影响甘肃省的电力调峰安全。

(2)风电调峰能力分析

风电反调峰率高。与水力发电、火力发电等常规发电方式相比,风力发电最根本的不同点在于其有功出力的随机性、间歇性和不可控性。这一特点决定了风电并网运行时,必须由常规电源为其有功出力提供补偿,以保证对负荷安全可靠地供电。这种对风电有功出力的补偿调节可看作是对负的负荷波动的跟踪,即对风电"调峰"。

风电出力对系统负荷峰谷差的影响,取决于风电日内出力变化幅度及方向与负荷变化幅度及方向的关系。根据风电对电网等效负荷峰谷差改变模式的不同,将风电日内出力调峰效应分为反调峰、正调峰与过调峰 3 种情形。

风电反调峰是指风电日内出力增减趋势与系统负荷曲线相反,风电接入后,系统等效负荷曲线峰谷差增大,其典型日曲线如图 5.2 所示;风电正调峰指风电日内出力增减趋势与系统负荷基本相同,且风电出力峰谷差小于系统负荷峰谷差,风电接入后系统等效负荷曲线峰谷差减小,其典型日曲线如图 5.3 所示;风电过调峰是指风电日内出力增减趋势与系统负荷基本相同,风电出力峰谷差大于系统负荷峰谷差,风电接入后系统等效负荷曲线峰谷倒置,其典型日曲线如图 5.4 所示。值得说明的是,风电过调峰的情况仅在风电装机容量相对于负荷的比例较大时才有可能出现。

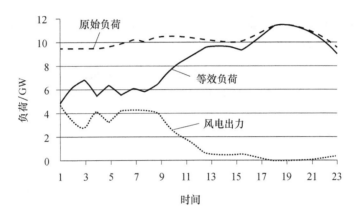

图 5.2 风电反调峰

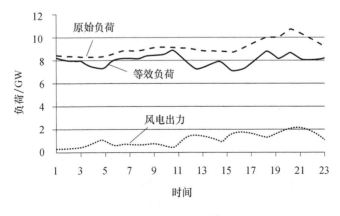

图 5.3 风电正调峰

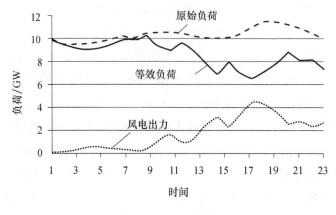

图 5.4   风电过调峰

甘肃省风电具有明显的反调峰特性,对电力系统调峰所产生的不利影响主要体现在两个方面:风电接入使系统可调机组需要应对的等效负荷峰谷差变大;可调机组需要增加应对等效负荷从低谷到高峰或从高峰到低谷变化的调峰响应能力。甘肃电网受风能的波动性、随机性影响,风电反调峰率高达 80%～90%。风电的运行对电网产生了"挖谷垒峰"的反调峰效果,进一步加大了电网的等效峰谷差,使系统的负荷特性恶化。尤其是大规模风电接入后增加了电网调度的难度,需要电网运行时留有更多的备用电源和调峰容量,不仅增加了电网运行的费用,而且扩大了全网调峰的范围,这就大大增加了调度对电网运行管理的难度。

根据风电典型日出力特性,最大平均出力出现在夜间 00:00—01:00,最小平均出力出现在 15:00—16:00,从图 5.5 中可以看出,甘肃省风电夜间的平均出力大于白天的平均出力,风电日内平均出力曲线与负荷曲线的变化趋势相反,可以推断,风电出现反调峰效应的概率大于出现正调峰效应的概率。

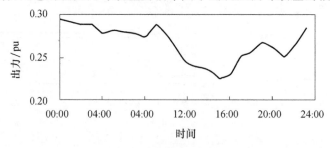

图 5.5   风电日内各时段平均出力曲线

（3）光伏调峰能力分析

甘肃电网光伏发电具有削峰作用。光伏发电的规律性和波动性与风电不同,其反调峰特性与负荷峰谷特性相似。白天发电曲线为基本光滑的正弦曲线,对电网而言可以视为负的负荷,发电曲线可以与负荷曲线叠加,具有一定的削峰作用。甘肃电网日最大峰谷差率约为 23%,负荷高峰表现为早高峰和晚高峰,甘肃电网以负荷晚高峰最为突出。晴天光伏电站存在典型发电曲线可以与负荷曲线叠加,白天光伏发电对负荷具有削峰作用,增加系统调峰压力,但对晚高峰不具备调峰能力,且电网夜间小负荷方式光伏出力为零。因此,在理论上可认为光伏能够承担电网负荷中的腰荷,在光伏出力小于最大平均负荷时无须考虑调峰问题。

甘肃电网夏季和冬季典型日负荷特性及光伏典型日发电特性一般是光伏发电时段对应于大负荷时段,最大出力时刻系统通常处于腰荷位置。因此,白天光伏曲线与负荷曲线叠加之后形成更为平直的负荷特性曲线,光伏发电替代部分常规调峰电源,一定程度上减小了系统的调峰需求容量。因此,对含大规模光伏电站的电力系统而言,当光伏群整体发电出力小于系统腰荷与低谷之差时,不需要电网新增调峰容量,相反可以为风电腾出部分调峰容量。可以说,即使不采用储能技术,光伏发电也具有显著的并网潜力。仿真分析表明,电网的调峰能力是无储能光伏发电接入能力的主要限制因素,光伏并网的目标是以尽可能低的成本增加光伏电量的占比,而不是保证百分之百的容量利用率。

（4）水电调峰能力分析

甘肃省阶梯水电站调峰能力有限。水电的季节性波动大,日波动较小。当水电厂水库具有一定调节库容时,水库的蓄水可以平抑来水的短期波动,但对于年季或季节性来水波动,大多数水电厂调节能力不足。除黄河、白龙江梯级水电具备调峰能力外,其余的均为径流式水电站或者地方小水电站,基本不具备调峰能力。刘家峡水电厂受防凌、防汛、社会用水的约束较多,可用于电网调峰的容量有限,一般认为刘家峡及其下游梯级水电厂参与负荷调峰,而不参与风电调峰。甘肃电网除 10 月、11 月外,其余时刻由于受到黄河进入防凌期后,梯级水电站出力向上调整能力受限;水电大发期间,机组负荷向下调节能力受到限制,总体对电网的调峰能力减弱,尤其在上游来洪水期间,水电机组基本满发,基本丧失调峰能力。因此,可以利用光伏发电白天多,夜间低的特性,全网水电在光伏白天大发时期降低出力运行,为了尽可能多地提升调峰能力,2014年年底甘肃电力部门编制下发《甘肃电网水电配合新能源调度规则》,要求全网水电在 9:00—17:00 光伏大发时段或风电大发时段尽量少发,在系统消纳能力一定的情况下,为新能源发电腾出消纳空间;并要求黄河梯级水电根据电网情况在后夜低谷时期大发,刘家峡水电厂以下梯级水电早上 9:00 水位必须降低至要求水位,为白天光伏大发错峰。

电网调峰稳定运行,需要一定规模的抽水蓄能电站。根据中国能源资源特点,今后相当长时期内的电源仍将以燃煤火电为主。火电机组调峰方式主要是常规的出力调峰方式和非常规的开停机调峰方式,满足不了系统负荷急剧变化的要求,易发生设备事故,对电网的安全运行有一定影响,而且调峰运行时发电煤耗上升、厂用电率高、设备损耗加大、检修费用增加,发电成本高。常规水电机组开停机迅速,运行灵活,具有较强的调峰能力。但是水电机组出力受季节和水库水位的影响较大,尤其是水库调节性能差、水库库容小的水电站,参与调峰受到很大限制。抽水蓄能电站兼有调峰和填谷的双重功能,同时具有调频、调相、黑启动、事故备用的功能特点,调峰幅度大,启动速度快。可通过替代火电机组的负荷调峰或旋转备用容量,腾出火电调节容量为新能源发电提供调峰能力。抽水蓄能电站是当前最具规模化和最经济的"储能"方式。利用这种独特的"储能"功能,可以平滑风电、光电的出力过程,减轻对电网安全稳定运行的影响;抽水蓄能电站是构建"多能互补"平台的关键组成部分。抽水蓄能、风电、光电、水电、火电等多种电源合理组合形成"多能互补"平台,能够取长补短,发挥各类电源的优势,能对出力过程进行控制、调节和优化。抽水蓄能电站是调节、优化出力过程的关键和有效措施,对促进风电、光电规模化持续发展具有重要作用和长远意义。玉门市昌马和大古山(肃南)两座分别装机 4 台 30 万 kW 抽水蓄能电站项目列入全国"十三五"抽水蓄能电站重点开工项目名单,同时,张掖盘道山抽水蓄能电站已列入甘肃省 2020 年新建抽水蓄能电站,也已列入《甘肃省"十三五"新能源和可再生能源规划》建设项目。这 3 座抽水蓄能电站建成后主要承担甘肃电网调峰、填谷、调频、调相及事故备用等任务,对新能源电力外送以及解决本省电力消纳问题具有重要意义。

5.1.2 提高甘肃系统调峰能力对策

(1)建设发电、用电、电网三位一体灵活电力系统。从发电上体现在发电负荷"能上能下""随上随下",满足新能源和用电负荷的波动,这就需要大力实施火电灵活性改造,实现热电解耦运行;从用电侧体现在能够"随风而动",随时可中断用电,随时可启动用电,满足新能源的波动性要求;从电网上体现在要建设"互联互通""吐纳自如"的电网和"灵活柔性"的调度运行机制,满足省内新能源发展和大规模外送的需求;同时应用"荷—网—源"协调控制,在发电、用电、电网 3 个方面各自满足灵活调度与控制的基础上,实现三方的优化控制。

(2)大力推进火电机组灵活性改造。在当前储能类电源尚难以实现大规模应用的情况下,煤电机组灵活性改造仍是提升电网调节能力、推动新能源高效利用最有效、最经济的手段之一。2022 年 4 月,国家电网有限公司西北分部组织五家省级电力公司及相关火电发电企业,参与 2022 年西北区域火电灵活性改造全网攻坚计划。结合地方政府关于火电灵活性改造的部署和要求,国网西北分部明确 91 台火电机组年内改造目标,其中改造深度 20% 及以下的机组达 26 台,最低改造深度可至机组额定容量的 10%。

煤电调峰改造技术成熟、效果好、见效快,通过火电灵活性改造,争取在 2~3 a 内,将省内火电机组调峰能力普遍提高到 70%~80%,调峰深度由现在 40%~50% 的水平提高到 70% 左右,纯凝机组最小技术出力达到 30%~35% 额定容量,部分机组可以达到 20%~25% 额定容量;热电联产机组最小技术出力达到 40%~50% 额定容量。电网可增加调峰能力 210 万 kW 左右,一方面提升新能源发电空间,另一方面火电企业可进一步从调峰辅助服务市场获得收益。运用经济手段,组织自备电厂及供热机组参加电网调峰。挖掘电力系统调峰潜力,利用省间错峰出力、互补互济的优势调峰,最大限度地消纳新能源。

(3)推广热电解耦,提高热电机组灵活性。积极协调当地政府推动供热机组开展热电解耦改造,减少供热机组供热期间的开机方式约束,提高电网运行调节灵活性。同时建议当地政府主管部门制定《甘肃火电机组灵活性改造计划》,推动纯凝火电机组开展灵活性改造,使火电机组调峰深度从目前的 50% 下降到 30%,增加新能源消纳能力。推进热电解耦工作,提升热电机组运行灵活性。不仅可以解决目前甘肃省火电企业为追求利用小时数,将纯凝机组改供热运行,甚至寻求非供热季常年供热,但在热价上又"以电补热",加剧企业亏损的怪圈问题;也可以解决热电机组调峰能力受限于供热需求的问题,进一步挖掘热电机组的调峰能力。

(4)扩大辅助服务市场规模、深入推进有偿调峰机制。开展辅助调峰服务市场,可以形成火电机组通过辅助服务获得的补偿金额超出发电收益的局面,主动开展机组灵活性改造,提高电网调节能力,促进省内新能源消纳。通过市场的手段发挥常规电源在稳定电力运行中的作用。引导发电企业主动调峰,培育具有需求侧响应能力的用电负荷,优化统筹全网调节资源。加快推动甘肃电网调峰辅助服务市场建设,利用市场化手段,拓展清洁能源消纳空间。加快推动跨区域电力交易,扩大外送电规模。但是,就目前中国的调度模式来看,仍采取的是以省作为实体的,而跨省的大规模消纳风电的探索与发展还是一种全新的道路、方式、方法,还需要继续探索。另外,实现对跨省大规模消纳风电的计算、考核、调整等的构建,鼓励电力企业在本区域内能够积极主动地实现调峰服务,最大限度地实现风电的消纳还需要研究。

(5)加快储能项目建设,推动抽水蓄能电站建设。加快推进肃州区新能源微电网示范项目建设,积极发展压缩空气储能、熔融盐蓄热储能、电化学储能等多种储能技术,推进集发、输、配、用一体的智能电网建设,提升电网灵活可靠接纳新能源的能力,建立高比例新能源电力系统。储能项目建设周期短,可作为火电灵活性改造新增调峰能力的补充,拟在酒泉地区配置容量为660 MW 时,最大充放电功率为 130 MW 的锂电池储能装置,预计 2018 年年底建成。

为了提高系统调峰能力,在火电等传统电源灵活性改造的基础上,发展能够快速调节的抽水蓄能电站,建设大规模储能调峰电站,推动储能商业化应用。同时发展适应新能源发电的储能装置及可中断的、可调节的用电负荷等多种手段,促进新能源消纳。

(6)开展光热电站调峰运行。光热电站作为地区调峰手段之一,可满足地区光伏、风电等传统新能源对调峰容量的需求,根据对甘肃光热示范项目业主的咨询,光热电站储热时间和调峰深度因电站本体设计及设备制造能力的不同而具有差别,整体上光热电站机组净出力能降低到10%～30%。因此,随着甘肃 55 万 kW 的光热示范项目的并网,甘肃电网调峰能力将有所提高。

含风电场电力系统调峰工作既是一个技术问题,也是一个经济问题,选择何种调峰对策需要综合考虑各种因素,进行经济技术比较。从甘肃电网新能源的高渗透率实际情况出发,风功率预测中的数据采集、风能预测以及风功率预报模式等问题,为缓解该地区电力系统的调峰压力提供一种技术手段。同样,通过合理设计风电调度管理模式,采取最大负荷模式安排日发电计划,可以较好地完成甘肃电力系统的调峰任务。在此模式下,甘肃风电调度管理水平不断提高,电网运行管理的压力日益减小,可再生能源也最大限度地可以得到有效利用。总之,风功率预测、风功率控制、互补能源发电以及系统可控备用的调度,在含风电场电力系统调峰问题的研究中,为维持有功功率的供需平衡发挥了重要作用。

5.2 火电灵活性改造

5.2.1 火电灵活性改造的含义

火电灵活性改造即在当前的背景下,主要是指通过改造降低纯凝机组(非供暖期间的热电机组)的最小技术出力以及实现供暖期热电机组的热电解耦运行。通过改造降低火电机组的最小出力,增加新能源发电的消纳空间,减少弃风、弃光现象。

机组灵活性改造主要包括两个方面的含义:一是增加机组运行灵活性,即要求机组具有更快的变负荷速率、更高的负荷调节精度及更好的一次调频性能;二是增加锅炉燃料的灵活性,即机组在掺烧不同品质的燃料下,确保锅炉的稳定燃烧以及机组在掺烧工况下仍有良好的负荷调节性能。

火电灵活性改造具体涉及增强机组调峰能力、提升机组爬坡速度、缩短机组启停时间、增强燃料灵活性、实现热电解耦运行等方面。与新能源等电源相比,火电具有较好的调节能力。当新能源在电网的比例逐渐扩大时,对调峰电源的需求也逐渐升高。同时,当火电规模被控制在一定范围内的前提下,煤电和新能源之间可形成协作关系。从国际上新能源的消纳与发展经验来看,不难发现,风电光伏的成就背后离不开包括火电机组在内的调峰电源的支撑。不过,与国际先进经验相比,中国火电机组由于以煤电为主,还存在灵活性不足的问题,在调峰深度、爬坡速度、快速启停等方面仍有很大提升空间。

5.2.2　火电灵活性政策时间轴线

(1)2016 年 6 月,国家能源局下达两批火电灵活性改造试点项目的通知,确定 22 个项目为第一、第二批提升火电灵活性改造试点项目。

(2)2016 年 7 月 22 日,国家发展和改革委员会、国家能源局发布《关于印发〈可再生能源调峰机组优先发电试行办法〉的通知》(发改运行〔2016〕1558 号),要求"逐步改变热电机组年度发电计划安排原则,坚持以热定电,鼓励热电机组在采暖期参与调峰"。

(3)2016 年 11 月 7 日,国家发展和改革委员会、国家能源局发布《电力发展"十三五"规划(2016—2020 年)》,要求"加强调峰能力建设,提升系统灵活性""全面推动煤电机组灵活性改造"。

(4)2017 年 11 月 15 日,国家能源局发布《完善电力辅助服务补偿(市场)机制工作方案》。

(5)2018 年,《甘肃省电力调峰辅助服务市场运营规则(试行)》发布。

(6)2021 年 4 月,新版《甘肃省电力调峰辅助服务市场运营规则(试行)》征求意见。

5.2.3　火电灵活性调峰补偿机制

依据《甘肃电力辅助服务市场运营规则(试行)》,火电厂实施有偿调峰,2021 年 4 月前,实施的补偿政策标准如下(表 5.1):

表 5.1　2021 年 4 月前补偿标准

报价档位	火电厂负荷率	调峰报价/(元/kW·h)	
		报价上限	报价下限
第一档	40%≤负荷率<50%	0.4	0
第二档	负荷率<40%	1.0	0.4

2021 年,对原有的补偿政策进行修订,实时深度调峰采用"阶梯式"报价机制和价格方式,火电企业由原来的两档修改为五档浮动报价,新制定的补偿标准如下(表 5.2):

表 5.2　2021 年 4 月后补偿标准

报价档位	火电厂负荷率	调峰报价/(元/kW·h)	
		报价上限	报价下限
第一档	40%≤负荷率<50%	0.2	0
第二档	35%≤负荷率<40%	0.3	0
第三档	30%≤负荷率<35%	0.4	0
第四档	20%≤负荷率<30%	0.6	0
第五档	负荷率<20%	0.8	0

5.2.4　甘肃省火电灵活性改造现状

甘肃省火电厂灵活性改造及深度调峰近几年取得了一些成效。截至目前,甘肃省火电机组(100 MW 及以上,不包含自备电厂)共计 19 厂 43 台机组,尚未参与深度调峰机组 8 台(带较大工业供汽或百万机组),参与深度调峰机组 35 台,平均调峰深度为 37%,最大调峰深度为酒泉热电厂♯1、♯2 机组,调峰下限为 27.27%。另外,靖远三厂♯7、♯8 机组在 2020 年年底进行了热电解耦改造,其他参与深调机组主要在纯凝工况下实施,未进行热电解耦改造。

燃煤机组灵活性改造及深度调峰涉及锅炉、汽机、辅机、控制系统等多个方面,因此,技术路线应反映多方面的需求。甘肃省火电装机中,供热机组占比较大。绝大多数供热机组均采取汽轮机中压缸排汽供热方式,而受汽轮机低压缸最小冷却流量的限制,在机组供热量一定的情况下,机组发电负荷不能低于某一限值,这种"以热定电"的模式限制了供热机组在供热期的深度调峰能力,这也是甘肃省供暖期调峰困难、弃风、弃光现象严重的重要原因。因此,要在保证机组供热量不变的前提下,降低机组出力,就需要打破机组供热期的热、电耦合关系。目前,甘肃省主要采取的灵活性改造路线有:纯凝工况下的深度调峰控制系统优化改造、低压缸零出力技术改造、电锅炉供热灵活性调峰改造、高低旁联合供热灵活性改造、电化学储能调频等。

5.3 抽水蓄能电站建设

5.3.1 抽水蓄能电站的优势

抽水蓄能电站运行灵活、反应快速,是电力系统中具有调峰、填谷、调频、调相、备用和黑启动等多种功能的特殊电源,是目前最具经济性的大规模储能设施,对确保电力系统安全、稳定和经济运行具有重要作用。如表 5.3 所示,为保障电力系统安全稳定经济运行,适应新能源发展需要,国家陆续出台了一系列政策文件,旨在促进抽水蓄能电站持续健康有序发展。表 5.3 所示为整理的近年政府相关部门下发的相关抽水蓄能电站建设的文件。

表 5.3 抽水蓄能电站相关文件汇总

时间	文件名称	发布主体	重要内容
2021 年 7 月	关于加快推动新型储能发展的指导意见	国家能源局 国家发展和改革委员会	为实现碳达峰、碳中和,努力构建清洁低碳、安全高效能源体系,大力发展抽水蓄能以支撑新型电力系统的发展
2021 年 4 月	关于进一步完善抽水蓄能价格形成机制的意见	国家发展和改革委员会	逐步建立完善抽水蓄能电价形成机制,促进抽水蓄能电站健康发展、提升电站综合效益
2020 年 4 月	关于开展全国新一轮抽水蓄能中长期规划编制工作的通知	国家能源局	针对近年来抽水蓄能电站规划建设中出现的问题,进一步规范抽水蓄能电站的建设管理
2019 年 1 月	关于青海抽水蓄能电站选点规划有关事项的复函	国家能源局	同意青海抽水蓄能电站选点规划成果及审查意见,并对下一步工作开展提出具体工作意见
2017 年 12 月	关于在抽水蓄能电站规划建设中落实生态环保有关要求的通知	国家发展和改革委员会	高度重视抽水蓄能规划建设的生态环保要求,认真做好规划站点资源的保护工作,加强抽水蓄能规划工作与生态保护红线划定及相关规划工作的对接

时间	文件名称	发布主体	重要内容
2014 年 12 月	关于促进抽水蓄能电站健康有序发展有关问题的意见	国家发展和改革委员会	适度加快电站建设步伐,把创新体制机制、完善支持政策、加强监督管理作为促进抽水蓄能电站持续健康发展的基本保障,把科技创新作为促进抽水蓄能产业发展的根本动力
2014 年 7 月	关于完善抽水蓄能电站价格形成机制有关问题的通知	国家发展和改革委员会	电力市场形成前,抽水蓄能电站实行两部制电价。在具备条件的地区,鼓励采用招标、市场竞价等方式确定抽水蓄能电站项目业主、电量、容量电价、抽水电价和上网电价
2013 年 6 月	关于加强抽水蓄能电站运行管理工作的通知	国家能源局	高度重视抽水蓄能电站运行管理,合理安排电站调峰和备用运行,加强调峰蓄能调度,充分发挥调峰填谷作用
2011 年 8 月	关于进一步做好抽水蓄能电站建设的通知	国家能源局	坚持为系统服务、"厂网分开"、建设项目技术可行、经济合理、机组设备自主化和科学合理调度的原则,进一步规范建设管理抽水蓄能电站

抽水蓄能电站除了具备调峰、填谷、调频、调相、备用和黑启动等功能外,抽水蓄能电站还具有良好的成本优势。

目前,低谷调峰能力是甘肃电网调峰问题的主要方面。可以考虑的低谷调峰措施主要有 4 个:一是弃水调峰;二是调停火电机组;三是调停燃气机组;四是建设运行抽水蓄能电站。不同的调峰方式所需调峰成本各有不同,选取各类机组中典型机组对其调峰成本进行计算比较。

水电机组以 3×300 MW 机组为例,额定水头为 100 m,机组的耗水率为 3.75 m³/(kW·h),单位发电利润为 0.2 元/(kW·h),则水电机组弃水调峰的成本为 200 元/(MW·h)。

火电机组以 2×600 MW 机组为例,额定负荷和降低负荷状态的运行效率 η_1 和 η_2 分别为 70% 和 40%,燃料价格 C_0 为 550 元/t,煤的发热量 Q 为 5500 大卡,即 23 MJ/kg,则火电机组的调峰成本为 92.24 元/(MW·h)。

国内典型的燃气机组的等效发电时间 t_g 为 3 h,燃气机组的启停成本 C_{qi} 为 520 元/(MW·h),火电机组与燃气机组的成本差值 ΔC 为 700 元/(MW·h),调峰时间 t 取 8 h,则燃气机组参与调峰的成本 $C_R = 327.5$ 元/(MW·h)。

取抽水蓄能机组的效率 $\eta_n = 75\%$,平均发电成本 $C_n = 250$ 元/(MW·h),则抽水蓄能机组参与调峰的成本 $C_R = 83$ 元/(MW·h)。

如表 5.4 所示,对不同类型机组的调峰成本进行对比可知,抽水蓄能电站参与调峰的成本最低,火电机组其次,而燃气机组和弃水调峰的成本相对较高。然而,目前甘肃省内尚未有投入使用的抽水蓄能电站,调峰电源主要是成本较高的火电机组和水电机组,因此调峰面临着巨大的经济损失。

表 5.4 各类型机组的调峰成本

调峰方式	弃水调峰	火电机组调峰	燃气机组调峰	抽水蓄能机组调峰
调峰成本/ (元/MW·h)	200	92.24	327.5	83

5.3.2　抽水蓄能电站对促消纳、促外送的作用

针对甘肃电网存在的输送通道建设、负荷水平、调峰能力、运行调度及管理体制等多方面的问题,通过配置一定规模的抽水蓄能电站能够得到有效解决。抽水蓄能电站对促进风电、光电消纳及外送的作用主要体现在以下方面:

(1)提升新能源利用率。抽水蓄能作为电网主要的调峰手段之一,对解决大规模风电光电并网带来的调峰问题起到重要的作用。当电厂发出的电量无法得到利用时,如在夜间用电低谷,电网通过输电线将风电输送到抽水蓄能电站,通过水泵把水从下库抬升到上库,实现对电能的储能;当电网达到用电高峰时,抽水蓄能电站则开闸放水至下库进行发电,发电量再传送到电网通过抽水蓄能与风电光电的协调运行,一定程度上实现了风电光电在时间上的转移,减少了风电光电的不可控性,提高了风能光能的利用率。合理高效地利用电网中抽水蓄能的调峰容量,对提高风电光电消纳能力,减少弃风弃光将起到重要作用。

(2)配合外送基地发展的需要。为推动甘肃新能源在全国范围消纳,甘肃省继 800 kV 祁韶特高压直流输电工程之后,又将新增陇东—山东特高压直流建设,开展河西第二条外送直流前期规划,全力争取扩大外送电量。送电电源

构成主要为风电、光伏发电,发电量具有间歇性、不稳定性和出力难以控制等特点,因此为外送基地配置一定规模抽水蓄能电站,具有以下优点:第一,不仅有利于提高输电线路有效容量,也有利于提高输电系统安全稳定性,更能适应受端电网负荷变化需求,减少受端电网调峰压力和调峰电源规模;第二,配置一定规模抽水蓄能电站,对提高风光电电量利用率、提高风光电开发规模、提高可再生能源电量在外送电量中的比例均具有较大的积极作用。

5.3.3　甘肃省抽水蓄能电站规划

甘肃省水资源主要分属黄河、长江、内陆河 3 个流域,横跨众多流域水系,为甘肃省抽水蓄能电站规划布点,提供了巨大优势。2011 年甘肃省开展了第一轮抽水蓄能选点规划工作,2021 年分别在黄河上游、武威、金昌、陇南开展了现场勘查工作,经初勘选址,可供建设抽水蓄能电站规模超过 1000 万 kW。

2011 年第一轮甘肃抽水蓄能选点规划共推荐了 7 个比选站点。2013 年 1 月,国家能源局批复甘肃省抽水蓄能电站选点规划,同意玉门昌马(装机 120 万 kW)和肃南大古山(装机 120 万 kW)为甘肃省新建抽水蓄能电站推荐站点。后期因祁连山自然保护区环保要求(肃南大古山站点位于祁连山自然保护区实验区),根据《中华人民共和国自然保护区条例》和相关规定,甘肃省发展和改革委员会和张掖市政府停止推进肃南大古山抽水蓄能电站前期工作,同时将张掖盘道山抽水蓄能电站(位于肃南县黑河峡谷黑河上游西流水电站饮水枢纽左岸)调整为国家规划选点站点并正式报请国家能源局。

2019 年 11 月,甘肃省发展和改革委员会委托中国电建西北勘测设计院开展黄河上游甘肃段抽水蓄能规划研究工作,通过查勘推荐刘家峡、乌金峡、刘家峡—盐锅峡混合式 3 处选点,规划装机分别为 120 万 kW、100 万 kW 和 30 万 kW。

2020 年 4 月,甘肃省电力公司邀请中国电建西北勘测设计研究院有关专家在武威、金昌、陇南地区开展抽水蓄能选点现场查勘工作,通过查勘推荐武威西营、黄羊,陇南成县、瑶池 4 处选点,规划装机分别为 120 万 kW、140 万 kW、140 万 kW 和 200 万～300 万 kW。

根据甘肃省抽水蓄能电站前期工作开展情况,甘肃玉门昌马 120 万 kW 抽水蓄能电站和张掖盘道山 120 万 kW 抽水蓄能电站进展较快。昌马抽水蓄能电站将在 2022 年上半年启动建设。盘道山抽水蓄能电站正在申请调整为甘肃抽蓄规划优选站点,国网新源公司已于 2021 年 11 月 17 日进行了现场初勘。国家发展和改革委员会、国家能源局已表态支持甘肃利用刘家峡和盐锅峡水电站建设混合式抽水蓄能电站。从 2021 年抽蓄选点初勘结果看,4 座站址条件均相对较好,具备建站条件。

5.4 自备电厂新能源消纳路径

5.4.1 自备电厂发电权交易

近年来,随着中国新能源发电装机的迅速发展,电力行业出现了一些新的问题。一方面,装备相对落后的自备电厂在高负荷运行;另一方面,低碳环保绿色的新能源却出现了弃风弃光现象。作为新能源消纳新路径的自备电厂发电权交易,不仅可以降低自备电厂企业用能成本,而且新能源企业通过提高发电量增加效益,电网企业通过增加输送电量增加收益,实现各市场主体均共赢。

在电力供应紧缺的时代,自备电厂发挥了巨大的作用。但是随着国内电力供应偏向宽松,1.42 亿 kW 装机(1.15 亿 kW 煤电,2016 年数据)的自备电厂已经在国家政策中属于严控的范畴。2015 年,国家发展和改革委员会、能源局印发《关于加强和规范燃煤自备电厂监督管理的指导意见》,指出要严格新建机组能效、环保准入门槛,落实水资源管理"三条红线"控制指标。持续升级改造和淘汰落后火电机组,切实提升自备电厂能效、环保水平。2017 年,16 部委联合印发《关于推进供给侧结构性改革 防范化解煤电产能过剩风险的意见》,再次明确提出规范自备电厂,自备机组建设得到了控制。

那么发电权交易对企业用电成本产生怎样的影响呢?我们知道,拥有自备电厂企业的用电成本结构由自备电厂发电成本、备容费、政府性基金及附加和交叉补贴 4 部分组成。其中,发电成本主要由变动成本和固定成本两部分组成。自发电变动成本受当地煤价的影响较大,煤炭富集地区自备电厂发电成本低,优势大;离煤炭基地远的地区煤价高,自发电成本高。固定成本主要与机组类型、投资水平有关。据统计,国内并网运行自备电厂承担政府性基金及附加在 0.05 元/(kW·h)左右,备容费 0.03 元/(kW·h)左右,两项合计约 0.08

元/(kW·h)。在交叉补贴方面,2018 年度山东省等 5 省(市)相继下发文件,要求自备电厂依法缴纳政策性交叉补贴。征收标准分别为山东省 0.1016元/(kW·h)、吉林省 0.15 元/(kW·h)、上海市 0.103 元/(kW·h)、福建省0.1012元/(kW·h)、四川省 0.015 元/(kW·h)。因各省差异性较大,执行情况不一,未在全国推行,故暂不列入。综上所述,企业自备电厂供电成本结构为:企业自备供电成本=自发电变动成本+自发电固定成本+备容费+政府性基金及附加。

发电权交易是优化电源结构、促进节能降耗的主要手段。通过对计划发电量的买卖交易,对电网系统内资源的合理配置有重要意义。自备电厂通过与新能源企业进行发电权交易将本厂的发电量腾让给风电、光伏等新能源机组,提高新能源发电的利用小时数,增加了系统供电负荷进而扩大了新能源上网电量空间。

企业内用电负荷通过电网采购系统电力来满足供应,由新能源企业给出售自备电厂发电权企业给予补偿,降低企业用电成本。风电、光伏等新能源发电主要采用集中式建设,个别企业自建有分布式新能源,但占比较低,对整体用能成本影响有限。通过网购电方式采购新能源电量,企业的用电电价结构为:用电价格=与新能源企业的交易电价+输配电价+基本电费+政府性基金及附加。拥有自备电厂企业开展发电权交易后,企业用电电价结构为:用电价格=基准电价-发电权交易补偿价+自备电厂固定成本+输配电价+基本电费+政府性基金及附加。对比可知,电网环节收费不变,通过发电权交易时用电企业需考虑自备电厂固定成本分摊部分。

自备电厂形成有其历史原因,而且这些企业多数生产经营都比较困难,特别是自 2020 年以来,企业经营更是举步维艰。如果简单关停自备电厂,迫使企业全部依靠电网供电,不给企业经济补偿,企业将无法生存下去。这种做法是不现实的,也是不合理的。

自备电厂与新能源企业进行发电权交易,可以保证双方利益,增加新能源电量消纳,减少碳排放,实现绿色发展。近年来,部分自备电厂通过发电权交易积极消纳新能源,极大地促进了新能源的消纳,降低了企业用电成本,促进了新能源健康快速发展。新能源企业的单位收益为上网电价与政府性补贴收入,减去变动成本和固定成本的差值。进行发电权交易后,只要新能源企业的上网电价及补贴减去变动成本后的差值大于发电权交易补偿电价,新能源企业的收益为正,即边际成本为正,新能源企业就可以进行发电权交易。新能源发电的变动成本很低,尤其是弃风弃光部分电量,成本近乎为 0,所以存在较大的发电权交易电价空间。

自备电厂与新能源企业进行发电权交易,核心是不能提高企业的用电成本,只有在用电成本降低的前提下才有可能实现发电权交易。通过分析自备用电和发电权交易的用电结构可知,剔除共同项政府性基金及附加,基本电费和备容费基本相当,则当下式成立时具备发电权交易的条件,即:基准电价+输配电价-发电权交易补偿价<自发电变动成本。按照现行政策,基准电价+输配电价相当于目录电价,则可变为:目录电价-发电权交易补偿价<自发电变动成本。由此可知,煤价越高、发电权交易补偿价越高,越容易实现自备电厂与新能源的发电权交易;煤价较低的地方,实现发电权交易的可能性较低。

5.4.2 甘肃省自备电厂新能源替代发电

实施新能源替代发电,可实现多方共赢,新能源企业可以增加发电量,燃煤自备电厂将降低用能成本,增加电网企业售电量,有利于提高社会效益,促进新能源消纳和节能减排。新能源替代自备电厂发电权置换工作是依据《甘肃省电力中长期交易规则(暂行)》,立足降低甘肃省弃风弃光率主导开展的工作。工作开展以来,不仅为新能源消纳开辟了空间,而且降低了重点企业用能成本,减少了污染物排放,践行了绿色低碳发展理念,推动了经济社会的协调发展。

作为缓解甘肃省消纳矛盾的主要措施之一,就是不断探索开展自备电厂发电权置换与清洁能源采暖电能替代。新能源电厂通过市场化方式替代自备电厂火电机组发电指标,实现减少新能源电厂弃风(光)电量的目标。通过开展新能源替代自备发电交易可以实现 4 方共赢,自备电厂火电机组所属企业一方,通过上述交易,发电机组运行在经济区间,能耗降低,并为电网承担了部分新能源电厂电量消纳的任务,同时获取了新能源风电场电量替代交易补偿收益;新能源电厂一方虽然降低了部分上网电价,但是按照市场化方式提升了整体发电利用小时数,拓展了风电场弃风电量的消纳空间,同时可多得到该风弃电量对应的新能源补贴电费,综合效益得到提高;电网企业一方缓解了新能源发展过快引起消纳的问题(弃风弃光电量幅度增加)及电网调峰困难,确保电网安全稳定运行;工业的整体能耗得到下降,增加了工业整体效益。

推动省内自备电厂新能源替代发电,交易规模不低于 104.6 亿 kW·h,其中新能源替代交易不低于 70 亿 kW·h,增加调峰能力 250 万 kW。为积极推进自备电厂发电权置换工作,2020 年甘肃省能源监管办同意兰州铝业有限公司、金川集团股份有限公司等 5 家自备电厂申请发电权置换电量 91.1 亿 kW·h。据统计,2020 年完成自备电厂发电权替代电量 88.6 亿 kW·h,其中,新能源电量 69.4 亿 kW·h,通过发电权替代增加电网调峰能力 180 万 kW。至此,甘肃省政府及电网将采取积极措施持续推动甘肃省内的自备电厂建设。

5.5 现货市场下的新能源消纳

5.5.1 推动新能源参与现货市场

实现“双碳”目标的关键在于促进可再生能源发展,而促进可再生能源发展的关键则在于消纳。自提出“双碳”目标以来,中国在风电和太阳能发电等新能源消纳方面,政策措施频频发力,2021 年 9 月,旨在消纳清洁能源的绿色电力交易试点在北京启动,共 17 个省份 259 家市场主体参与,达成交易电量 79.35 亿 kW·h,此举是在能源领域以市场机制创新落实“碳达峰、碳中和”目标的重要举措,为可再生能源发展起到助推作用。

绿电交易是在电力中长期交易框架内设立的一个交易品种。而同时,在全国 8 个电力现货市场建设试点当中,已经有甘肃、山西和内蒙古西部等试点开展了有可再生能源参与的结算试运行。那么,围绕可再生能源参与电力市场尤其是电力现货市场,究竟有哪些问题需要引起业界的关注?新能源参与现货市场究竟有哪些优劣势?新能源如何参与现货市场?

(1)推动新能源参与现货市场的动机

电力现货市场在试结算过程中常常出现不平衡资金问题,业界的共识是,不平衡资金的产生与计划市场并行的双轨制有重要关系,主要体现为优先发电量与优先购电量的不匹配,例如山东试点就是在短期内受入大量外电,从而导致计划性发电量与计划性购电量匹配度出现巨大错位,因此才产生了大量不平衡资金。问题是,近年来作为优先发电主体的新能源项目正在不断地大量并网,短期内计划发电与计划购电不匹配问题无法缓解,反而会不断加剧。

2019 年,全国并网风电和太阳能发电容量增速分别达到 14％和 17.4％。2020 年,全国风电和太阳能发电容量增速则分别达到 34.6％和 24.1％。未来新能源更是能源生产和消费的主体。每年,新能源装机都有大幅增加,意味着优先发电量的大幅增加,同时,随着用户侧市场的不断放开,优先购电量却在不断减少。这种计划发电量与计划购电量的差额不断加大,有可能导致电力市场上不平衡资金的不断增多。因此,让新能源进入市场从而减少计划性优先发电量的呼声渐渐高涨起来。除去不平衡资金,还有一个就是新能源消纳问题。

2018—2020 年,中国弃风弃光情况逐年好转,风电光伏利用率大幅上升,到 2020 年风电利用率已经达到 97％,光伏利用率达到 98％,这个水平在全世界领先。然而,即便按照这个"全世界领先"的利用率来看,根据 2020 年中国风电和太阳能发电分别为 4665 亿 kW·h 和 2611 亿 kW·h 计算,弃风弃光电量仍然分别达到 144 亿 kW·h 和 53 亿 kW·h,总计达到 197 亿 kW·h。这是个什么概念呢？2020 年,中国每个县级行政区平均全社会用电量为 26 亿 kW·h,也就是说,中国 2020 年的弃风弃光电量相当于 7～8 个县级行政区的全社会用电量。由于装机容量的增长,2021 年一季度部分省份弃风弃光率有所抬头,青海省风电、光伏利用率同比分别下降 9.4％、3.3％;陕西和宁夏存在弃风率上升问题;河南、贵州也出现弃风弃光增多现象。为此,部分新能源消纳形势比较严峻的省份和地区,将缓解弃风弃光问题试着交给了电力现货市场。

在现货市场上,电能可以更好地体现时空价值,在每天的不同时段尤其是高峰和低谷时段,由于电力供需情况变化,电价也会出现相应波动,这种波动,会让供需两端出现响应。这种响应表现为,在高峰时段,供不应求,电价较高,所有类型的电源均开足马力发电;在低谷时段,供大于求,电价较低,新能源发挥边际成本低的优势继续发电,化石能源尽力压缩出力以节约成本。当然,无论是负荷高峰还是负荷低谷,只要处在大发期,新能源项目都可以通过拉低电价的方式迫使化石能源出局,从而争取到发电空间。由此来看,参与现货市场确实可以在一定程度上促进可再生能源消纳。

(2)新能源参与现货市场存在的问题

在中国,消纳可再生能源普遍采用两种机制,一是保障性收购。核定为保障利用小时数以内的电量,由电网企业采用统购统销的方式保量保价收购,这就是说在保障利用小时数之内的电量采用传统计划机制消纳。二是市场化交易。在保障利用小时数之外的电量,则通过可再生能源项目与用户侧直接交易的方式进行消纳,电量和电价都由市场决定,也就是说剩余电量可以通过市场机制进行消纳。当前,中国电力市场建设进入现货交易试点阶段,有几家试点已经向新能源项目试点开放了现货市场。

新能源的优点十分明显,那就是绿色环保,不发生化学反应,不向环境中排放碳和污染物,对气候和生态表现得相当友好。另外,在项目建成之后,由于不需要燃烧煤炭、石油、天然气等化石能源,所以边际成本低,具有相当的市场竞争力。然而,同其优点一样,新能源的缺点也十分突出,那就是出力的波动性、间歇性,导致新能源完全"看天吃饭"。而出力的不确定性对于市场化而言又是致命的。

对于现货合同来说,不但要在电量上履约,而且要在电力上履约,需要完全按照合同约定的曲线进行电量交割。否则,就要接受相应的偏差考核。以山西电力现货市场建设试点为例,它们对于新能源实际出力与短期预测出力的偏差超出 50% 的部分,按照标杆电价计算超额收益并回收,导致新能源超额回收费用巨大。

对于新能源来说,避免出现偏差的前提是准确执行合同,而合同约定的是市场成交的结果,成交结果要看交易前对于电量电价的申报,而申报电量电价主要依赖的是出力预测,出力预测要依赖天气预报。可天气完全不可控,很难准确预测可再生能源出力。

如果依靠现货市场来实现百分之百消纳新能源,单点功率预测必须达到100% 的准确率。否则就会出现两种情况:一是预测高了,实际出力达不到履约要求,新能源企业有可能要花高价购电来执行合同,否则就受到偏差考核。二是预测低了,实际出力超出合同约定额度,超出偏差减免的部分同样要接受考核;当然,如果通过自动发电控制技术来控制功率输出,的确可以精确履约而免受考核,但这样就形成了事实上的弃风弃光,达不到全额消纳可再生能源的目的,背离了发展可再生能源的初衷。

从这个角度来看,通过现货市场来解决弃风弃光问题是有一定局限性的,尽管现货市场为消纳新能源提供了一定的空间,但也因为履约和偏差考核等机制而限制了新能源的随机出力,反而不能实现完全消纳新能源的初衷。

(3)现货市场——新能源消纳的备选

一般认为,设置电力现货市场的初衷就是为了发展和消纳可再生能源,但就有关信息和政策来看,依然缺乏明确的信号。比如,2021年4月底国家发展和改革委员会、国家能源局共同印发的《关于进一步做好电力现货市场建设试点工作的通知》,也仅仅是说引导新能源项目10%的预计当期电量通过市场化交易竞争上网,并未明确这些电量必须进入现货市场。

同样,针对清洁能源消纳和避免弃风弃光问题,上述文件中有关部分指出,要在新能源开发布局上统筹优化、在发电侧提升调峰能力、在电网侧提升资源优化配置能力、在用户侧提高绿色电能替代和需求侧响应能力、加快发展储能、推动电力系统全面数字化、构建高效智慧调度运行体系等方面发力。而在这些举措措施当中,并未提及正如火如荼开展试点的电力现货市场机制。

2021年国家发展和改革委员会、国家能源局联合印发的《关于鼓励可再生能源发电企业自建或购买调峰能力增加并网规模的通知》指出,在电网企业承担可再生能源保障性并网责任的基础上,鼓励发电企业通过自建或购买调峰储能能力的方式,多渠道增加可再生能源发电装机并网规模。这也从一个侧面说明,当前困扰可再生能源进一步发展和消纳的主要因素,还不是消纳机制的问题,而是物理调节能力和调节技术不足的问题。

除了功率预测和偏差考核这些技术问题不利于新能源参与现货市场之外,一个更深层的原因就是在当前电力市场上新能源的绿色属性得不到体现。不管是风电、太阳能发电,还是煤电、气电、核电,只要发出来,上了网,进入市场,就都一样了,成为同质化的产品,可再生能源电力体现不出绿色属性,没能附着环保价值,而化石能源也不用背负环境成本。

其实,也正是因为可再生能源的绿色属性在其他市场上体现不出来,也才有了不久前开始试点的绿色电力交易,以及前几年就启动了的跨区域省间富余可再生能源电力现货交易等专为消纳新能源而设置的交易专场了。

在现货市场上,新能源难以体现出环保优势,但其先天弱势却体现得淋漓尽致。虽然随着风电和光伏设备制造技术与能力的提高,新能源项目在经历补贴退坡、竞价中标、平价上网之后,与化石能源相比在价格上已经初具竞争力,但由于新能源出力具有波动性、间歇性以及反调峰性的天然短板,使其在现货市场上又重新堕回弱势地位,如经常受到偏差考核,很难竞得高价,承担分摊费用多,获得补偿费用少等。

因此说,如何将绿色环保价值赋予新能源,并将生态补偿成本附着在化石能源身上,并通过市场化交易传导至用户侧?只有确保了这个前提条件,无论是在中长期市场还是在现货市场,新能源才敢说是有竞争力的,也才能说市场化机制是可以促进新能源消纳的。

5.5.2　甘肃省需求侧现货市场建设

需求响应是需求侧管理的重要技术手段,是指用户对价格或者激励做出响应,并改变原有用户用电模式。该概念的提出,改变了过去单纯依靠电力供应侧的发展来满足不断增长的电力需求的固定思维,将需求侧作为供给侧电能的补充资源加以利用。为了缓解电网调峰压力,电力部门可以通过采取需求响应措施,引导用户的用电行为,来达到削峰填谷,减少高峰用电。

新一轮电改的开启,为电力系统调峰方式提供了新思路,但参与需求侧管理的相关主体仍面临很多问题,这与我国电力市场放开晚,前期管制较严格有关,因此,当前的电力现货市场还不足以作为最主要的调峰方式,但随着市场化的不断推进,各项保障措施的完善,未来,其必将成为不可或缺的调峰方式之一。但甘肃省作为全国首批 8 个电力现货交易试点地区之一,是全国范围内电力市场建设的领跑者之一,电力市场建设进程如下:

2017 年 8 月,甘肃省被国家发展和改革委员会和国家能源局确定为全国首批 8 个电力现货交易试点地区之一。2018 年 5 月,甘肃的现货市场建设方案评审通过。7 个月后,甘肃省与山西省一道开启国网系统内的首次电力现货市场模拟试运行。2019 年 9 月和 2019 年 11 月分别进行了两次周结算试运行。这一年,甘肃电力现货市场的建设思路是:做好现货市场试运行;不断完善现货市场运营规则及技术支持系统;开展市场主体培训;做好各个市场衔接。2020 年 3 月 18 日,甘肃电力现货市场开始调电运行,并于 4 月完成全国首个整月长周期结算试运行,极大提升了全国面临疫情防控严峻形势下开展现货市场建设的信心。2020 年 8 月 1 日—2021 年 1 月 17 日,甘肃又进行了 5 个月长周期结算试运行。在整个 2020 年间,甘肃电力现货市场的建设思路是:做好现货市场长周期试运行;建立市场化电力电量平衡机制;建立中长期交易合约锁定收益、现货交易全电量集中竞价的市场交易机制;构建配套机制保障现货市场平稳运行;现货市场具备连续运行条件。2021 年 5 月 1 日至今,甘肃省再次开展长周期结算试运行。今年甘肃电力现货市场的建设思路是:启动双边市场建设;做好各类中长期与现货,省间与省内市场衔接,现货市场与调峰辅助服务市场融合;形成发用双侧互动、双边集中竞价的现货市场,进一步完善价格机制及相关配套机制。至此,甘肃省的市场化体系基本建成。

建成现货市场支撑系统二期工程,二季度具备双边现货市场试运行条件。确保年底负荷侧调峰能力提升至 100 万 kW。酒钢自备电厂采用现货模式开展发电权替代,2020 年置换电量 30 亿 kW·h。2020 年 3 月 21 日,甘肃电网需求侧资源辅助服务市场正式投入试运行,为西北首家运营;全年增发新能源 5000 万 kW·h 以上,增加调峰空间 52 万 kW。当前的建设重点为,研究源-网-荷-储各类资源参与现货市场运行机制,通过现货电能量市场与辅助服务市场联合优化出清,建立负荷侧可调节资源参与现货市场运作机制。

5.6 储能项目建设弥补电网调峰缺口

5.6.1 储能技术类型及比较

储能按照能量转换形式的不同,分为机械储能、电磁储能、热储能、电化学储能和化学储能。机械储能主要有抽水蓄能、压缩空气储能和飞轮储能。电磁储能主要有超级电容储能和超导储能。热储能是将热能储存在隔热容器的媒质中,通过储热介质与换热介质的流量控制实现能量充放,光热发电是热储能的典型应用方式。电化学储能主要有铅酸电池(铅碳电池)、锂离子电池、钠硫电池、全钒液流电池等。化学储能是利用电解制氢或合成天然气作为二次能源的载体,主要以氢储能为代表。不同储能技术的性能、经济性及主要应用场景如表 5.5 所示。

从技术成熟度来看,抽水蓄能是传统的电力储能方式,建设和运行技术成熟,是国家大规模重点建设的储能设施;锂电池储能技术相对成熟,已实现大规模商业化应用;光热发电建设技术基本成熟,但运行经验偏少,正处于示范应用到大规模建设的快速增长期;压缩空气储能、钠硫电池、液流电池等储能方式,目前处于试验示范阶段,建设成本较高;飞轮储能、超级电容储能与超导储能属于功率型储能方式,主要用于提升电能质量,不适用于电力系统小时级的功率调节;氢储能技术和效益与氢气产业链紧密相关,燃烧发电模式下电解制氢—储存—发电全周期效率约为 30%~40%,且氢气的存储、运输难度较大,安全性要求高,目前处于示范应用阶段。从建设周期来看,锂电池等电化学储能建设

表 5.5　各类储能综合比较

储能种类		效率/%	发展现状	技术成熟度	建设周期	造价成本	循环寿命
机械储能	抽水蓄能	75~80	目前甘肃省暂无在运抽水蓄能发电机组。中长期规划储备项目27个，总装机3350万kW。"十四五"重点实施11个，1300万千瓦；"十五五"重点实施项目1个，140万千瓦	技术成熟，寿命长，国内投产规模占全球25%以上，运行经验丰富	建设周期长，约为5~8 a	造价较高，西北地区约为6000~7000元/kW，玉门昌马项目可研预估单位造价7200元/kW	50~70 a
	压缩空气储能	40~65	需要高气密性的洞穴、废弃矿井等空间建造储气室。1978年世界首座压缩空气储能电站在德国建成。2021年9月中国首座压缩空气储能示范电站在江苏金坛并网投运	具有容量大，寿命长等优点，但造价较高，效率较低，启动时间较长，技术基本成熟，已完成示范验证	建设周期较长，约2~3 a	造价较高，约为6500~7000元/kW(4~6 h)	30~50 a
	飞轮储能	>85	功率型储能，在电力调频、轨道制动能量回收方面有独特优势，但能量保持率较低，储能时长短	处于示范验证阶段	建设周期短，约6~12个月	造价高，分钟级储能时长下单位造价约1700~2000元/kW	20~25 a
电磁储能	超级电容储能	>90	功率型储能，将电能直接存储在电场中，没有电能形式的转换，响应快、效率高、储能时间短	处于实验验证阶段	建设周期较短，约为1~2a	造价高，分钟级储能时长下单位造价约9500~13500元/kW	循环寿命达到10万次以上

续表

储能种类		效率/%	发展现状	技术成熟度	建设周期	造价成本	循环寿命
电磁储能	超导储能	>95	功率型储能,将电能直接存储在磁场中,循环寿命长,响应快,效率高,储能时间短,运行维护复杂	需要利用超导材料和低温环境,处于研究阶段	建设周期长,一般在5 a以上	造价高,分钟级储能时长下单位造价约为6500~7000元/kW	>50 a
热储能	光热发电	40~50	光热发电兼具发电与储能属性,储能时间较长。2016年国家首批复甘肃省总容量65万kW,目前仅并网3个项目,20万kW。甘肃省本批复复建项目6个,45万kW	技术基本成熟,造价较高,现有技术对电网调节适应性有待提升,运行经验偏少	建设周期较长,2~3 a	造价较高,约为1.9万~2.5万元/kW,与储热时长(熔盐用量)密切相关	30~50 a
电化学储能	铅酸电池(铅碳电池)储能	70~80	铅酸电池应用历史较早,但因受负面影响,应用受到限制,铅碳电池是利用石墨烯等电极材料对铅酸电池的改进	技术成熟,但发展受环保制约	建设周期短,约为6~12个月	造价低于锂电池,约为4800~6000元/kW(4h)	可深度循环4000次,设计寿命15 a
	锂电池储能	85~90	广泛应用于电动汽车、应急电源,电力系统调峰调频等领域。甘肃省并逐步占据主要市场。甘肃省2022年已建成运行8.675万kW,其中45万kW于2022年6月投运,年计划建设75万kW	技术成熟,市场化程度高,安全性有待提升	建设周期短,约为6~12个月	造价较高,约为6000~6800元/kW(4h)。现阶段电池系统成本占比60%~70%,成本具备快速下降的空间	循环次数在7000次以上

续表

储能种类		效率/%	发展现状	技术成熟度	建设周期	造价成本	循环寿命
电化学储能	钠硫电池储能	80~90	钠硫电池无自放电，原材料丰富，常用于负荷调平、移峰和改善电能质量	需要在300~350℃的高温下运行，系统维护难度大，安全隐患大	建设周期短，约为6~12个月	造价高，约为13200~13800元/kW	10~15 a
	液流电池储能	70~75	关键材料实现国产化，具备了兆瓦级全钒液流电池系统生产能力，安全性好	受造价制约，处于示范应用阶段	建设周期短，约为6~12个月	造价高，约为17500~19500元/kW	循环次数10000次以上
化学储能	氢储能	30~40	目前氢气来源以化石燃料制氢为主，电解水"绿氢"成本高，占比低。全球众多国家正在大量开展示范应用，电解水制氢设备已实现商品化	受氢产业链、造价等因素制约，处于示范应用阶段	建设周期较长，约为2~3 a	造价较高，电解水制氢成本约4~5(kW·h)/m³氢气，燃料电池约10000元/kW左右	12~20 a

周期约为 1～2 a,光热发电建设周期约为 2～3 a,能够用于缓解甘肃省"十四五"紧缺的调峰缺口;抽水蓄能建设期一般在 5～8 a,无法满足甘肃省"十四五"期间调峰需求。从建设成本来看,西北地区抽水蓄能电站单位造价约 6000～7000 元/kW,锂电池储能单位造价约 6000～6800 元/kW(4 h)或 3000～3400(2 h),光热发电单位造价约 19000～25000 元/kW。从资源储量来看,我省中长期抽水蓄能规划储备项目总装机规模为 3350 万 kW,"十四五"重点实施项目总装机规模为 1300 万 kW,规划储备规模大,但属于资源有限型储能;电化学储能电站不受地形资源限制,可视为资源无限型储能;甘肃省光资源丰富,光热发电也可视为资源无限型储能。

5.6.2 新型储能的应用场景

根据接入位置的不同,储能在电力系统的应用可分为电源侧、电网侧、负荷侧,各自承担着不同角色,发挥不同作用。

电源侧储能指接入在常规电厂、风电场、光伏电站等电源厂站计量出口内的储能系统。新能源场站内配置储能,可以平滑场站出力曲线,减小风电、光伏发电输出功率波动性对电网的影响;可就近减少弃风弃光电量,提高新能源发电的效益;提高新能源场站的调峰调压能力,使新能源场站满足《电力系统安全稳定导则》(2019 版)要求,即"新能源应具备一次调频、快速调压、调峰能力"。

电网侧储能指接入公用电网的储能系统,可为电网提供调峰调频、容量备用等服务,有助于提升故障或异常运行下的系统安全性;配置在新能源送出线路关键节点时,可用于降低线路送出阻塞,减少输送压力,提升新能源消纳能力。

用户侧储能根据不同用户类型和用户需求,主要实现削峰填谷、需求侧响应管理、分布式新能源、不间断供电等功能,主要应用于经济发达、峰谷价差大的地区。

5.6.3 甘肃省新型储能发展现状

截至 2021 年年底,甘肃省已投运新型储能共计 8.675 万 kW/27.8 万 kW·h,在建 45 万 kW、待建 30 万 kW,均为电化学储能。

电网侧:2020 年 8 月中能布隆吉储能电站 6 万 kW/24 万 kW·h 储能示范项目投运(该项目属于 2018 年 11 月国家能源局批复的甘肃省磷酸铁锂电池储

能电站示范项目,批复接入电网侧、电源侧和用户侧储能项目共计 8 个,总规模 18.2 万 kW/72 万 kW·h)。除此之外,甘肃省在建的电网侧储能电站 45 万 kW/90 万 kW·h,分别是瓜州慧储新能源有限公司敦煌储能电站(15 万 kW/ 30 万 kW·h)、瓜州睿储新能源有限公司莫高储能电站(15 万 kW/30 万 kW·h)、张掖民乐储能电站(15 万 kW/30 万 kW·h),均计划于 2022 年 6 月 投产。待建金昌共享电化学储能项目 30 万 kW/60 万 kW·h,计划 2022 年开 始建设。

电源侧:2021 年 6 月,东方电气东洞滩储能项目 0.675 万 kW/1 万 kW·h 投运;9 月,中广核金光光储项目 1 万 kW/2 万 kW·h;12 月玉门科陆光储示范 项目 1 万 kW/0.8 万 kW·h 投运。3 个项目均用于充放场站自身弃电量,无电 价政策,也未参与辅助服务市场交易。

5.6.4　甘肃省新型储能发展趋势

发展新型储能是响应国家能源政策要求的关键举措。"十四五"以来,国家 和地方政府层面密集出台储能相关政策。2021 年 7 月,国家发展和改革委员 会、国家能源局印发《关于加快推动新型储能发展的指导意见》(发改能源规 〔2021〕1051 号),明确到 2025 年,实现新型储能从商业化初期向规模化发展转 变,装机规模达 3000 万 kW 以上。同月印发的《关于鼓励可再生能源发电企业 自建或购买调峰能力增加并网规模的通知》(发改运行〔2021〕1138 号),要求超 过保障性并网以外的规模初期按照功率 15% 的挂钩比例(时长 4 h 以上)配建 调峰能力,按照 20% 以上挂钩比例进行配建的优先并网。甘肃省发展储能可解 决新能源大规模发展带来的电网安全运行、新能源消纳及调峰难题,符合国家 能源政策导向。

发展新型储能是确保电力安全可靠供应的有效手段。随着新能源的快速 规模化发展和用电负荷的增长,在煤电发展受限的情况下,亟须加快建设一定 容量的储能设施,确保电力系统的安全稳定运行。

发展新型储能是缓解电网调峰压力、确保新能源高效消纳的必然选择。甘 肃省新能源可开发量整体位居全国前列,其中风能技术开发量 5.6 亿 kW(随着 低风速风机普及利用,风资源开发量还将进一步提升),全国排名第 4,光伏发电 技术开发量 95 亿 kW,全国排名第 5,开发利用空间巨大。新能源大发时,需要 降低省内其他电源出力,为新能源消纳提供空间。"十四五"期间及中长期,随着新能源规模化发展、新能源弃电率及调峰矛盾日益突出,全省调峰缺口将呈现增大趋势,新能源利用率将随之持续下降。在煤电发展放缓的形势下,为防止新能源弃风弃光问题重现,必须加快推动储能设施的建设,确保新能源高效消纳。

发展新型储能是助推省内产业升级转型,培育经济发展新增长极的重要举措。甘肃省高度重视储能产业,2021 年 3 月,《关于建立全省重点产业链链主企业制度的通知》明确,金川集团为动力电池产业链链主企业,甘肃东方钛业有限公司为磷酸铁锂产业链链主企业。2021 年 5 月,《甘肃省人民政府办公厅关于培育壮大新能源产业链的意见》(甘政办发〔2021〕40 号)提出,要鼓励开展储能产业示范,建设一批移动式或固定式商业储能电站。将发展储能作为甘肃省产业高级化的重要抓手之一,推动甘肃省由初级有色金属原材料开采向高端装备制造业方向发展。

第

6

章

新能源时序生产模拟

电力系统是一个实时平衡的动态系统,发电、输电、配电、用电瞬时完成。传统电力系统中发电主要为确定性的火电、水电、燃气发电等,系统运行的不确定性主要来源于负荷,因此传统电力系统以发电跟随负荷波动为主,开展生产模拟。大规模新能源接入后,电力系统中的不确定变量除了负荷以外,还包含波动性新能源,且新能源的年、月、周、日规律特性比负荷特性更加难以准确描述和掌握。当新能源比例较小时,可以将新能源看作负的负荷,采用等效负荷即可很好地开展生产模拟相关研究,但是当新能源比例较大时,新能源的特性将打破等效负荷不确定性的规律,使得已有的典型日、典型周生产模拟技术应用面临挑战,此时,需要将新能源作为一种不确定性电源,开展全时段生产模拟。

6.1 新能源消纳水平评估方法

在以限制新能源出力为原则的新能源消纳能力评估方法中,较为常用的分析方法主要有以下 3 种:典型日分析法、随机生产模拟法以及时序生产模拟法。

6.1.1 典型日分析法

典型日分析法是目前新能源消纳研究中最常见的方法,一般分为两类:一是通过提取最大峰谷差、平均功率等特征数据,对历史曲线进行分类,选取全年典型日去简单实用地进行新能源消纳分析;二是基于简单的加权平均进行选取,基于聚类分析算法等数据挖掘和人工智能技术进行高维度数据的统计分析,进而优化典型日可再生能源出力。其计算方法首先是确定典型日的峰值负荷和谷值负荷,其次利用峰值负荷确定系统中常规机组的启动方式,再次在系统启动方式没有改变的前提下降低传统机组的输出,最后通过低谷值负荷和发电机组的最小技术出力来确定系统的新能源的消纳能力。

6.1.2 随机生产模拟法

随机生产模拟采用服从一定分布的离散型随机变量描述新能源出力、负荷、常规电源开机方式等的概率特性。通过概率分布间的运算,将随机变量间的不确定性运算,转化为概率场景下的确定性运算。计算新能源消纳功率和限电功率的离散概率分布,实现新能源电力系统的随机生产模拟,进而快速计算消纳电量、限电电量等指标,评估系统新能源消纳能力。目前,随机生产模拟法中对风电场的处理主要为两类,一类是将风电出力视为负值负荷去修正原始负荷得到净负荷;另一类是把风电场等效转化为常规多状态机组参与随机生产模拟。

6.1.3　时序生产模拟法

时序生产模拟是将系统负荷、新能源发电、其他电源发电出力看作随时间变化的时间序列,综合考虑功率平衡、电力备用、机组调峰、电网输送能力、机组爬坡速率等约束条件,以每小时(或者每 15 min)为间隔,进行逐时段的运行模拟,以得到最优的电力电量平衡结果。目前,时序生产模拟法在国内外广泛应用于电力系统调度、发电生产计划、电力平衡及新能源消纳计算。时序生产模拟法根据模拟法时间长短可分为短期时序生产模拟法与中长期时序生产模拟法:短期时序生产模拟法是指模拟时间为数小时到几十小时,可为每日或每周的电力系统运行提供指导;中长期时序生产模拟法是指数月到数年,可以模拟不同的装机规模、电网结构等条件下新能源生产情况,为新能源发展规划及电网建设规划提供参考依据。考虑到计算的稳定性和实用性,目前常用的电力系统时序生产模拟主要使用线性规划和混合整数线性规划算法进行求解。

以上 3 种方法具体优缺点对比如表 6.1 所示。通过比较,为切合电网实际情况,综合考虑新能源发电出力的波动性,本项目采用时序生产模拟法。

表 6.1　新能源消纳能力评估方法对比

项目	时序生产模拟法	随机生产模拟法	典型日分析法
新能源数据	时序曲线(以时间分辨度 1 h 为例,全年 8760 个点)	新能源预测出力累积概率分布(数据点数取决于与预测出力状态数)	全年负荷峰谷差最大的新能源出力值
负荷数据	时序曲线(以时间分辨度 1 h 为例,全年 8760 个点)	负荷需求预测累积概率分布(数据点数取决于预测出力状态数)	全年峰谷差最大一天的负荷值

续表

项目	时序生产模拟法	随机生产模拟法	典型日分析法
发电机组	最小/最大技术出力,爬坡率,煤耗特性参数,最小运行/停机时间等	最小/最大技术出力,爬坡率,煤耗特性参数	最小/最大技术出力,煤耗特性参数
初始条件	发电机组初始开始方式	—	—
限制条件	新能源时序曲线难以获取	无法考虑爬坡率、机组启停等问题	计算结果保守,无法提高新能源消纳量
模型计算复杂度	计算复杂度随计算时段、机组数量的增加迅速增加	多项式复杂度,计算复杂度仅与机组数量有关	计算复杂度简单,数据较少,计算时间快

6.2　新能源时序生产模型

6.2.1　基本原理

新能源电力系统时序生产模拟是在实现全年或全月新能源消纳最大的前提下,计算常规机组和新能源机组的发电计划。由于常规机组的运行特性及其机组组合特性等会影响最终的新能源消纳能力,因此新能源时序生产模拟必须充分考虑电力系统中火电、水电机组为代表的各类常规机组的技术特性,包括启停机特性、爬坡特性与最小发电出力特性等。还需要考虑某些类型机组的特殊性,如热电联产机组的热电耦合特性、抽水蓄能机组的抽放水特性等。另外,还需要考虑机组检修计划、电网联络线的交换计划等信息。因此,新能源电力系统时序生产模拟以新能源消纳能力最大为目标,综合考虑系统平衡约束、电网安全约束、备用约束、机组电量约束和运行约束、联络线交换计划、检修计划、新能源功率约束、系统约束、网络拓扑、机组发电能力和电厂运行约束等条件,建立数学优化模型。通过优化求解,得到常规机组和新能源的发电出力计划,特别是新能源限电量和限电率。

6.2.2 目标函数

国务院办公厅早在 2007 年就发布了《节能发电调度方法》,规定在保障电力可靠供应的前提下,按照节能、经济的原则,优先调度可再生发电资源。但由于新能源出力的随机性以及传统电源的调峰能力的限制,新能源利用率十分低下,本节通过分析影响新能源消纳的因素,根据不同电网规模、负荷、电源结构特点确定新能源机组接入规模,以年度最大新能源消纳为目标,建立时序生产模拟仿真模型,最终确定目标函数如式(6.1)所示:

$$f = \max\left(P_1^t - \sum_{j=1}^m P_{j,wa}^t - \sum_{i=1}^n P_{i,f}^t \right) \qquad (6.1)$$

式中:P_1^t 表示负荷值,$P_{j,wa}^t$ 表示第 j 个水电机组出力值,$P_{i,f}^t$ 表示第 i 个火电机组出力值。

6.2.3 约束条件

(1)电力平衡约束

$$P_f + P_{wa} + P_p + P_{ui} - P_t = P_1 \qquad (6.2)$$

式中:P_f 表示火电出力值,P_{wa} 表示水电出力值,P_p 表示光伏出力值,P_{ui} 表示风电出力值,P_t 表示外送功率,P_1 表示负荷值。

(2)系统备用容量约束

系统备用容量包括事故备用、负荷备用、检修备用。另外,由于新能源出力的不确定性,当把新能源出力加入到系统功率平衡时,必然会加大对系统备用容量的需求,如式(6.3)所示:

$$S \geqslant P_{maxl} \times (l\% + s\%) + P_{prc} \times w\% + P_r \qquad (6.3)$$

式中:S 表示系统需要的备用容量,P_{maxl} 表示预测最大负荷,$l\%$ 表示负荷备用百分比,一般取值为 2%~5%,$s\%$ 表示事故备用百分比,一般取值为 5%~10%,$w\%$ 表示新能源预测出力误差对备用容量的需求,P_{prc} 表示新能源预测功率,P_r 表示为检修备用容量,视情况需要设置。

(3)火电机组出力约束

火电机组目前是中国发电主要部分,对于消纳新能源起着重要的作用。目前中国火电机组包含背压式机组和抽汽式机组,其电与热的出力如图 6.1 所示。背压式机组电力出力与热出力成正比关系,而抽汽式机组当热出力固定时,电出力在一定范围内浮动。为满足供热需求,目前参与系统调峰一般为抽汽式机组。

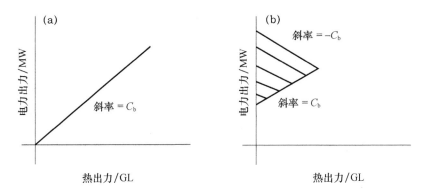

图 6.1　火电机组出力图

(a)背压式机组;(b)抽气式机组

火力发电机组在满足系统发电任务时,还需要承担系统的调峰任务。根据预测的最大负荷并考虑一定的备用容量,确定火电机组开机方式,并综合分析不同容量的火电机组确定各火电机组允许最低技术出力。在做生产模拟时,以新能源消纳优先的原则并考虑各火电机组的爬坡约束,确定在满足负荷需求的前提下各火电机组的出力范围如式(6.4)。

$$P_{\text{down}} \leqslant P \leqslant P_{\text{up}} \tag{6.4}$$

式中:P_{down}表示火电机组最小技术出力,P_{up}表示额定出力。

(4)火电机组爬坡约束

新能源出力值在较短的时间内可能有较大的变化量,而火电机组出力受到爬坡率的约束无法快速跟踪新能源出力的变化,造成弃风弃光等现象,火电机组爬坡约束按下式确定

$$P_{g(t)} - P_{g(t-1)} \leqslant P_{g-\text{up}} \tag{6.5}$$

$$P_{g(t-1)} - P_{g(t)} \leqslant P_{g-\text{down}} \tag{6.6}$$

式中:$P_{g-\text{up}}$表示为火电机组向上爬坡率,$P_{g-\text{down}}$表示为火电机组向下爬坡率,t表示为时间,$P_{g(t)}$表示为火电机组在 t 时刻的技术出力。

(5)水电机组出力约束

水电出力受季节影响明显,夏季水电大发时期出力可以达到额定功率,而冬季出力则仅有夏季的 20%～30%,模型中分夏季和冬季两种运行方式,分别

按照装机容量的一定比例安排水电出力。

$$0 \leqslant P_{wa} \leqslant P_{up} \tag{6.7}$$

式中：P_{wa} 表示水电机组出力值，P_{up} 表示额定出力值。

（6）外送功率约束

当某地区新能源出力充足，可考虑将富余电力外送，新能源外送电力受制于外送输电线路的功率约束，如式（6.8）所示：

$$P_{tran} \leqslant P_{line} \tag{6.8}$$

式中：P_{tran} 表示为外送富余新能源电力，P_{line} 表示为外送线路功率最大值。

（7）新能源出力约束

$$0 \leqslant P_{wind}(t) \leqslant P_{wind}^{*}(t) \tag{6.9}$$

$$0 \leqslant P_{pv}(t) \leqslant P_{pv}^{*}(t) \tag{6.10}$$

式中：$P_{pv}^{*}(t)$ 表示为光伏额定出力，$P_{wind}^{*}(t)$ 表示为风电额定出力。

（8）新能源比例约束

若以完全消纳新能源出力为目标，这样就忽视了在非负荷低谷时刻新能源的可消纳空间，该方法计算得出的新能源消纳量较低。如果允许在负荷低谷时段有一定比例的弃新能源，以换取更大的新能源消纳量，这样就充分利用了除去低负荷时段以外大部分时段的调峰裕度，以此计算得出的新能源消纳量将大大提高。

基于时序生产模拟法，通过模拟评估全年 8760 h 的消纳情况，根据负荷曲线制定开机计划并得出各时间段新能源消纳空间，然后结合新能源发电理论出力，得出各水平年在规划容量下的新能源发电量和弃电量，从而得出在一定的指标约束下可消纳的新能源量。此方法的计算过程更贴近系统实际运行情况，同时还可以给出各个时段各类电源工作数据，有利于对新能源消纳的全面评估。

6.3　新能源时序生产模拟计算步骤

新能源时序生产模拟案例计算流程主要分为数据准备、配置电网、案例计算和结果分析 4 个步骤。计算过程考虑了新能源发电出力的波动特性、时序特性、季节特性，以时序生产模拟的方式计算一定电网运行方式约束下的全网新能源最大消纳能力。时序生产模拟案例计算流程如图 6.2 所示。

6.3.1 数据准备

新能源时序生产模拟计算所需数据包括电源、负荷、联络线、常规机组、新能源场站、断面限额等基础数据。对于随时间变化的序列数据,数据时间分辨率不应小于 60 min。对于风电、光伏发电,需要基于理论发电功率数据形成归一化时序数据,负荷和联络线数据为实际发电出力的时序数据。

6.3.2 配置电网

首先构建电网,根据电网实际情况建立分区聚合模型,并配置分区电网间的输电断面限额及外送联络线,然后配置电源,在电网的基础上,进一步配置各类电源、输电断面和联络线的时序运行参数。

6.3.3 案例计算

需要分别配置案例基本信息、运行方式和全网参数。其中,案例基本信息包括案例名称、优化计算模型选择、计算时间范围和计算步长等信息;运行方式配置是指基于案例计算需求选取各分区电网中负荷、电源、联络线的运行方式,组合形成新的计算案例。全网参数配置需要配置案例的备用容量信息、新能源功率预测误差以及输电断面限额方式。数据配置完成后开始计算。

6.3.4 结果分析

计算结果包括新能源消纳结算结果、负荷计算结果以及综合统计结果等。通过计算结果进一步分析新能源消纳情况(图 6.2)。

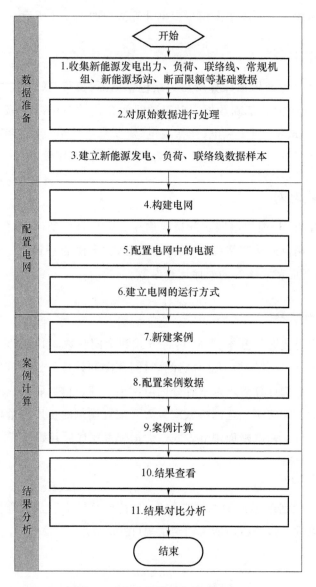

图 6.2　时序生产模拟案例计算流程

第

7

章

新能源合理利用率测算

7.1　新能源合理利用率内涵

7.1.1　新能源合理利用率定义

合理利用率作为构建新能源消纳长效机制的主要指标之一,在 2021 年 3 月 30 日国务院新闻办公室中国可再生能源发展有关情况发布会中被首次提出。自此,新能源消纳水平的评估指标经历了从"弃电率""弃电量"到"利用率",再到合理利用率的转变过程。其中,弃电率、弃电量衡量阶段只关注清洁能源电力的未利用部分,并未考虑整个能源和电力系统为消纳清洁能源付出的努力的成本。可再生能源利用率则主要指代了风电、光伏发电、水能 3 类新能源电力的利用率,以可再生能源提供的能源量占总能源消耗量的比例来衡量。相较于传统利用率,合理利用率的提出又进一步包含了对经济、环境、成本等其他因素的考量,避免了新能源完全消纳单一目标的实现。

从利用率到合理利用率的转变来看,高新能源渗透率情况下,合理弃电是经济且必要的。利用率管控目标将影响可接纳的新能源发展规模、系统灵活资源需求和电力供应成本,设定过高利用率的消纳目标既不经济,也将限制新能源发展规模。同时,可再生能源的利用量与可再生能源资源的丰富程度、价格等因素有关,分析可再生能源利用率需要进行可再生能源资源潜力的评估分析。因此,从能源供应系统全局出发,新能源消纳水平理论上存在总体最经济的"合理值"。在欧洲等成熟电力市场中,新能源合理利用率被认为是一种和需求侧响应类似的辅助服务,合理弃电通过向电网提供"下调"服务保障能源安全。美国、德国一些国家,通过将弃风相关条款纳入并网协议或购电合同等管理手段和市场规则,使得风力发电企业、电网公司等相关方接受透明条件下的一定合理弃风,合理利用率维持在 95%～99%。

据此,从宏观层面分析,合理利用率是在一定时空条件下,结合电力系统自身特性,满足整个能源系统经济性,并使得全社会用电成本最低的清洁能源消纳水平的经济合理区间,避免了片面追求完全消纳对新能源发展的制约。从电力系统运行角度来说,合理利用率是在规划期内满足系统特定新能源消纳责任权重要求的情况下,寻找系统总成本最小对应的新能源利用率。其在满足新能源场站经济效益的前提下,兼顾了不同地区的装机规模、负荷水平和电源调节能力,是实现系统整体运行最优的动态调整指标。由于新能源发展规模随利用率控制目标降低而增加,电力供应成本则呈"U 型"曲线变化,因此拐点即对应经济性最优的新能源规模和合理利用率。

7.1.2 影响新能源合理利用率的主要因素

从利用率角度来看,甘肃地区新能源消纳问题与电源调节、电网互联、负荷规模、消纳机制等关键因素呈强相关性。甘肃地区新能源经历了爆发性增长,而本省及外送能源需求增长缓慢,省内用电曲线、外送曲线与新能源发电不匹配,即中午光伏大发时段用电负荷及外送需求较低,晚高峰时段光伏发电能力几乎为零,无法满足负荷高峰时段的负荷及外送需求。此外,中国正在建设全国电力市场,但调峰补偿、价格响应等市场机制尚未建立,发电计划由各地政府制定,各省优先考虑本地电厂多发,接受外来新能源的意愿不强,省间壁垒严重,客观上加剧了风力发电、光伏发电利用率增长缓慢现象。因此,解决新能源消纳问题、提升风力发电、光伏发电利用率的最有效的途径,是从电源、电网、负荷、机制 4 方面综合采取措施。

而合理利用率除与资源等系统固有属性有关外,还受多种因素影响。从经济性角度而言,合理利用率随新能源侧开发成本降低而降低,随系统侧消纳成本降低而增加;从政策机制角度而言,合理利用率随消纳责任权重要求增加而减小;从市场化改革角度而言,中国电力体制改革将使得市场化方式以更低成本、在更大范围内促进新能源的消纳利用,从而进一步提高合理利用率。

(1)新能源开发及消纳成本

为满足特定的新能源消纳责任权重指标,可以从新能源开发侧和系统消纳侧采取多种措施提升新能源电量占比。从开发侧来看,当系统新能源消纳能力不增加的情况下,可通过增加系统新能源装机的形式增加新能源电量供给,其主要新增成本是增量新能源投资;从系统消纳侧角度而言,可通过电网加强解决网架受阻、建设调峰电源和负荷侧响应解决调峰受阻等方式,降低新能源弃电量,其主要新增成本为各类调峰手段投资及调峰手段运行成本等。为完成消纳责任权重要求的增量全社会购电成本如图 7.1 所示,通过计算比较各类满足新能源消纳责任权重的方案,便可得到使系统总成本最低的合理利用率。

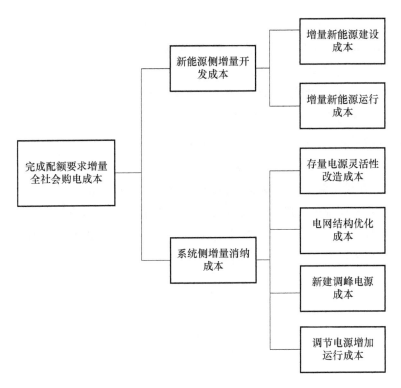

图 7.1　完成消纳责任权重要求的全社会购电成本分析

　　合理弃电率与合理利用率满足相加为 1 的数量关系。在特定消纳责任权重下,新能源合理弃电率由电源侧开发成本与系统侧消纳成本相对高低决定,其变化趋势如图 7.2 所示,即当电源开发侧成本降低时,系统合理弃电率将增加;当系统侧消纳成本降低时,系统合理弃电率将降低。系统侧消纳成本主要涉及电网及各类调峰电源建设成本,从成本变化趋势来看,除电化学储能外,大部分调峰手段技术成熟度较高、成本变化主要受燃料成本影响,长期呈现上涨趋势;清洁能源随着新能源装备制造技术的快速进步和规模化发展,近年来成本呈快速下降趋势。

　　(2)新能源装机和消纳责任权重

　　"双碳"背景下,可再生能源消纳责任权重目标的实现是提升"十四五"期间新能源消纳水平的首要目标。《关于 2021 年可再生能源电力消纳责任权重及有关事项的通知》的发布明确了甘肃省要逐步到 2030 年完成国家要求的 33.2% 的非水电消纳权重。装机容量的增加有助于目标权重的实现,但对弃风弃光电量具有一定的负面影响。图 7.3 和图 7.4 定性地给出了最大弃风电量与最小消纳风电电量以及最大弃风率、风电电量保证消纳比例与风电装机之间的关系。当风电装机容量增加，风电出力持续曲线沿纵轴向上抬升，交点 A 移动到交点 A'。曲线移动增加的面积 ΔI 为增加的弃风电量，ΔII 为增加的消纳风电电量。容易看出，当风电装机较小时，最大弃风电量为 0 或较小；随着风电装机的逐渐增大，弃风电量和消纳电量都相应增加。由于交点 A 逐渐向左移动，使得最大弃风电量的增量逐渐增大，而最小消纳风电电量增量越来越小。换句话说，在风电装机规模发展的初期，少量弃风代价所换来的增加消纳风电电量的效益是明显的。随着风电装机规模增加，弃风对于消纳风电的效益逐渐下降，这时需要通过电力外送、负荷削峰填谷、增强常规机组调峰能力等手段来提高消纳风电电量。

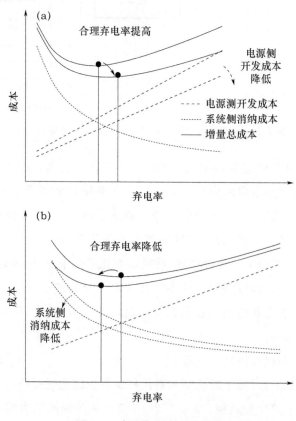

图 7.2　合理弃电率变化趋势

(a)电源侧开发成本降低;(b)系统侧消纳成本降低

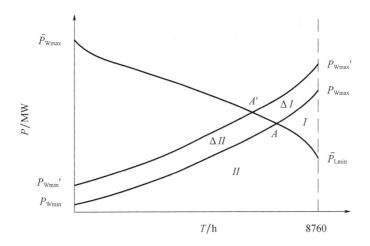

图 7.3　最大弃风电量与最小消纳风电量之间关系示意

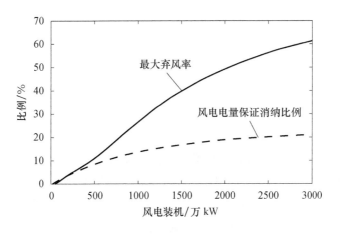

图 7.4　最大弃风率、风电电量保证消纳比例与风电装机间的关系

(3)电力市场化交易

2021 年上半年,甘肃省内交易电量 709.07 亿 kW·h,同比增长 13.51%。2021 年上半年,跨区跨省外送电量 277.00 亿 kW·h,同比增长 16.21%。电厂购电均价 228.96 元/MW·h,送电均价 258.25 元/MW·h,输电均价 29.29元/MW·h。省内售电量累计完成 527.34 亿 kW·h,同比增加 64.09 亿kW·h,增长 13.84%;售电到户均价累计完成 446.12 元/MW·h,同比降低0.49 元/MW·h。从市场化改革角度而言,中国电力体制改革将使得市场化方式以更低成本、在更大范围内促进新能源的消纳利用,从而进一步提高合理利

用率。电力市场化交易是实现电力市场化改革的主要途径,交易电量占比的增加在一定程度上推动了合理利用率的提高。

7.2 新能源合理利用率分析的相关原则与准则

7.2.1 新能源合理利用率分析的主要原则

在含大比例新能源的电力系统中,为消纳占比极小的新能源尖峰电量,需要占用系统大量的调峰资源,降低系统安全稳定性和经济性,若允许放弃一定的新能源电量,可以降低系统总体调峰需求,减少调峰电源建设,避免昂贵的边际消纳成本。因此,探索新能源"合理弃能"问题需满足以下几点原则,在新能源消纳成本和消纳效益中寻找平衡点。

(1)经济性原则

虽然新能源发电的边际成本几乎为0,但各类解决新能源消纳问题的方案却都需要付出一定的经济性、安全性等方面的代价,新能源发展急需从全社会综合用能成本的角度出发,确定既满足社会清洁能源发展需求,又满足电力系统安全经济运行要求的合理弃电率水平。综合考虑新能源的消纳成本和消纳效益,电力系统规划中100%消纳新能源不一定是最经济的选择。以图7.5所示的某风力发电厂年出力占比曲线为例,该电厂全年出力超过70%的概率仅为7%左右,超过70%部分的电量仅占全年发电量的2.7%。为了消纳这2.7%且持续时间并不长的电量需要投入大量的灵活性电源或者新建电网,可能不是最经济的选择。因此在电力系统规划中若能找到新能源的合理弃能率,在电网负荷低谷时段对新能源适度弃电,则能够减少或者延缓调峰电源及输电线路建设,在保障新能源基本充分利用的前提下,提高整个电力系统运行的安全性和经济性。

(2)满足最低可再生能源消纳权重原则

现阶段虽然新能源成本快速下降,但受制于较高的初始投资,在仅考虑经济性情况下,新能源的度电成本仍然高于传统化石能源,叠加新能源系统消纳侧成本,总体而言,提高新能源电力消纳责任权重将增加全社会购电成本。同时,在其他条件不变的情况下,提高新能源电力消纳责任权重必然会增加系统内新能源装机,进而提高系统新能源消纳压力,合理弃电率将有所增加。因此,可再生能源消纳权重与利用率之间负向相关,合理利用率随消纳责任权重要求增加而逐步减小,在利用率的合理性确定中,应满足最低的可再生能源消纳责任权重目标。

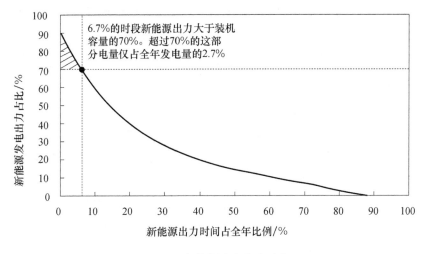

图 7.5　新能源出力占比示意

(3)可靠性和安全性原则

可再生能源消纳责任权重目标下,新能源大规模接入电网,高比例新能源的接入不仅加大了电力供应的保障难度,而且增加了电力系统的脆弱性和复杂性。科学地制定新能源合理利用率目标应充分考虑当地资源、负荷、系统电网结构,因地制宜。在新能源无弃能情况下,根据风电和太阳能出力特性在原始负荷曲线上直接扣减风光出力即可得到系统的净负荷曲线,如图 7.6 所示。在无弃能情况下的净负荷曲线最下端增加新能源弃电量后,形成在指定弃能率水平下的净负荷曲线,如图 7.7 所示。由此,合理的利用率的提出允许弃风弃光的存在,平抑了电力负荷的过度波动,有助于电网的平稳运行。应合理规划新能源装机,优化网架结构,从而保障电网的安全运行。制定合理的新能源利用率为高比例新能源并网优化运行奠定了坚实基础,这有助于增强电力系统调节能力,提升高比例新能源安全运行水平,并充分利用系统的消纳能力,积极提升新能源发展空间。

7.2.2 新能源合理利用率分析的相关准则

系统新能源合理利用率的相关准则主要是需要充分协调利用率、调峰能力、可新增装机3者相关关系。通过对新能源弃能现象的分析发现,主要是由两种原因导致:一是网架受阻,即局部电力供应过剩或传输限制引起的风光出力削减,二是调峰受阻,即风电尖峰出力出现在负荷低谷时段等特定工况引起的新能源弃能现象。网架受阻主要通过优化电网结构、改善电网调度运行方式等方法解决。调峰受阻主要通过加强调峰电源建设、需求侧响应等方式来解决。但若通过增加常规机组的调峰深度来实现风电尖峰出力的消纳,将对电力系统的安全和经济运行带来挑战。在运行中考虑合理弃风来提高风电消纳能力是解决上述问题的关键。事实上,利用率可分为运行利用率和规划利用率。大规模新能源并网运行将增加系统中不可控的发电出力并对电力系统规划产生影响。以风电为例,风电的高效利用会减少整个系统的运行成本,减少化石能源消耗,增加节能减排效益。然而为了多消纳风电,可能需要规划建设灵活性较高的调峰电源或者对存量电源进行灵活性改造,若本地负荷消纳能力有限,还需要新建或者扩容输电线路。

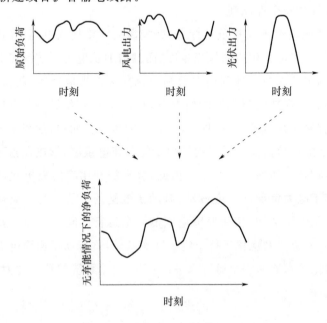

图 7.6 无弃能情况下的净负荷曲线

此外,从电源侧看,新能源发电具有一定的容量替代效益,接入后能够节省常规电源装机,然而从负荷侧看,新能源发电相当于负的负荷,与原始负荷叠加后形成的净负荷有所降低,尤其是净负荷低谷降低对调峰电源提出了更高的要求。甚至当光伏发电装机过多时,原本的午高峰可能变成净负荷的低谷。在这种情况下,白天光伏发电能够满足很大一部分的电力需求,电力系统运营商只需调配小部分电力,但到了傍晚,随着晚高峰来临,光伏出力却减少至 0,短短的几个小时内,净负荷将快速上升。在白天净负荷低谷时段适当考虑太阳能弃能,将降低对调峰电源的苛刻要求,提高系统运行经济性。

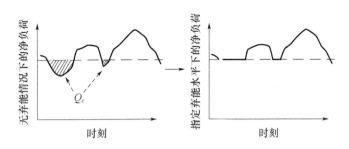

图 7.7　指定弃能水平下的净负荷曲线

7.3　新能源合理利用率分析计算方法

7.3.1　新能源合理利用率分析计算思路

总体来看,经济性是衡量利用率合理性的主要指标。从全社会综合用能成本的角度出发,确定满足中国可再生能源发展目标的合理弃电率,有利于以最小的全社会成本实现最大化清洁能源消费占比。规划期内的合理弃能率是在满足系统需求的情况下,寻求系统总费用最小对应的新能源弃能率,即为此时的合理利用率。具体做法是在规划中根据风光装机及出力,以及所设置的弃能率水平及时修正净负荷,针对净负荷做常规电源规划和网架规划,通过合理的优化方法得到总成本最优的规划方案及对应的新能源合理弃能率,流程如图7.8所示。

合理利用率计算方法流程如图 7.9 所示,具体做法如下。

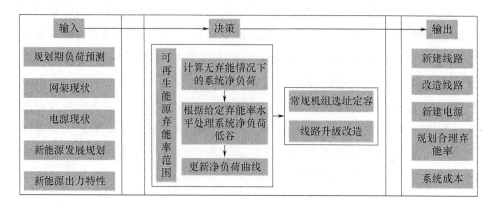

图 7.8　考虑合理弃能率的电力系统规划流程

（1）根据新能源消纳责任权重要求，计算新能源发电量。

（2）调整新能源装机及对应系统侧消纳改造措施，通过时序仿真分析，测算系统新能源发电量及对应利用率。

（3）如新能源发电量不满足系统消纳责任权重要求，修改新能源装机或系统侧消纳措施，重新计算对应新能源发电量及对应利用率，直至系统新能源发电量满足系统消纳责任权重要求。

（4）当系统新能源发电量满足系统消纳责任权重要求时，记录此时的新能源利用率，并根据对应新能源装机及对应系统侧消纳措施投入计算此时的全社会购电成本。

（5）重复步骤，获得弃电率从高到底的新能源利用率及对应全社会购电成本数据。

（6）绘制全社会购电成本—利用率曲线，系统中总成本最低点对应利用率即为新能源合理利用率，如图 7.10 所示。

7.3.2　新能源合理利用率分析计算模型

根据上述计算思路，在生产时序模拟的基础上加上经济性约束成为合理利用率确定的依据。全社会成本核算主要对电网总运行成本进行分析，全社会成本包括火电和各类新能源发电机组的投资及维护成本、输电线路投资及运行维护成本、燃料成本、环境损失成本和可靠性成本。环境损失成本指在考虑环境对策措施（如采用脱硫脱硝设备）的条件下，火电排放的污染物对环境产生的经

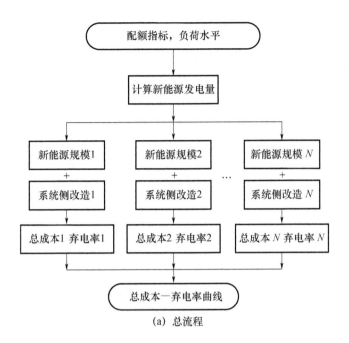

(a) 总流程

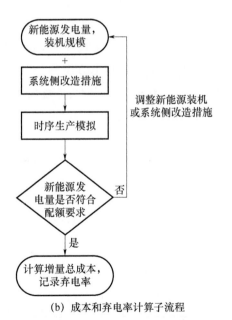

(b) 成本和弃电率计算子流程

图 7.9　合理利用率的计算流程

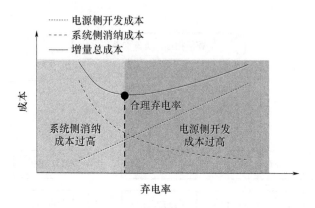

图 7.10　不同弃电率下的全社会购电成本示意

济损失。减排单位污染物所避免的经济损失称作污染物的环境价值。煤炭发电的污染物主要有 SO_2、NO、CO_2、CO 和悬浮颗粒物等。目前,中国的供电可靠性水平还比较低,每年停电事故都造成巨大的经济损失。可靠性价值可以看作单位停电量的经济损失,通常采用度电产值来衡量单位缺供电量所造成的平均经济损失,度电产值是国内生产总值与全社会总用电量之比,由于系统的可靠性问题造成的经济损失非常巨大,所以可靠性成本在输煤输电的比较中不容忽视。

　　在全社会成本评估中,已有的系统运行模拟方法采用机组组合优化模型和安全约束经济调度模型,可以详细评估输电方案每一时段的燃料成本、环境损失成本、可靠性成本和供电量。获得燃料成本、环境损失成本和可靠性成本之后,再结合系统投资及维护成本,即可获得电力系统运行的全社会成本。其评估框架如图 7.11 所示。

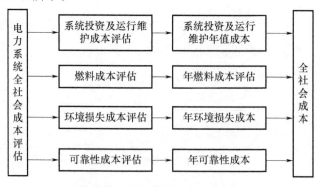

图 7.11　全社会成本评估框架

在明确全社会成本的具体构成后,应着眼于合理利用率的经济性,即考虑全社会成本的增量部分。本模型增量全社会购电成本 S 主要为各类新增成本的年值之和,主要包括增量总投资年值 I、年增量运行费用 F 和年增量环境成本 E,具体公式设定为:

$$S = I_c + F_c + E_c \tag{7.1}$$

式中:c 为新能源弃电率。

(1)年增量环境成本评估

环境效益的评估一般以气体污染物排放量、发电燃料耗量和购电总费用最小为指标。合理弃风电最大化地实现节能减排效益。因此,评估风电和光伏发电对电力系统节能减排效的贡献,并分析因接入风电而导致的各方面成本的上升有利于环境成本的全面评估。从运行环节分析高比例新能源并网后所产生的环境成本。风电、光伏、核电和水电运行阶段的发电环境成本基本为 0,运行环节的环境成本主要体现为火电机组的燃煤损耗,以及燃煤导致的 SO_2、NO_x 和 CO_2 等污染物排放。以往研究总结得出各类电源生产过程中环境不友好气体排放的数据如表 7.1 所示。

表 7.1　各种发电技术的污染排放数据

电源种类	$NO_x(kg/(MW \cdot h))$	$CO_2(kg/(MW \cdot h))$	$SO_2(kg/(MW \cdot h))$
光伏发电	0	0	0
风能发电	0	0	0
天然气发电	0.008~1.547	49.037	0.464
微型燃气汽轮机	0.619	184.083	0.001
内燃机(燃机)	4.795	170.161	0.023
燃煤发电	0.154~3.094	86.473	0.108~3.945

增量环境成本 E 主要来自火电深度调峰引起的 CO_2 排放增加,本节认为火电深度调峰过程中氮氧化合物等排放达标,主要选取 CO_2 进行环境成本分析,增量环境成本为:

$$E_c = (E_e + E_g)\rho_{CO_2} \tag{7.2}$$

式中:E_e、E_g 分别为燃煤机组、燃气机组增量 CO_2 排放;ρ_{CO_2} 为 CO_2 排放征收费用。

(2)增量总投资年值

增量总投资年值主要包括与基准场景相比的增量新能源投资年值、增量电网投资年值、增量火电灵活性改造投资年值和增量调峰电源建设投资年值,即

$$I = \sum_{i=1}^{5} I_i \left[\frac{r_i(1+r_i)^{n_i}}{(1+r_i)^{n_i}-1} \right] \tag{7.3}$$

式中：$i=1,2,3,4,5$，分别表示新能源、电网、火电灵活性改造、储能成本和调峰电源；I_i、r_i 和 n_i 分别为投资、提现率和运行年限。

1）新能源新增装机成本

光伏和风力发电新增装机成本由电站的度电成本进行合计，其具体含义是发电单位基于发电需求进行总体评价产生的所需成本，是在实际发电运行过程中，所产生的成本与发电量之间的比值。在实际的建设过程中，受相关政策及投资多元化需求等多种因素的影响，不同装机规模对应的发电成本各不相同，电站的装机规模设计成了衡量技术水平的一个关键性指标。为了验证其和度电成本之间存在的具体联系，采用公式（7.4）对其进行分析：

$$L_{COE} = \frac{\displaystyle\sum_{i=1}^{T} \frac{C_{pvi}}{(1+p)_i} + \sum_{i=1}^{T} \frac{C_{cli}}{(1+p)i} + \sum_{i=1}^{T} \frac{C_{omi}}{(1+p)i}}{\displaystyle\sum_{i=1}^{T} \frac{E_i}{(1+p)}} \tag{7.4}$$

式中，L_{COE} 表示度电成本，E_i 表示该系统第 i 年的发电总量，p 为折现率，T 为建设期所需的时限，C_{pvi} 为光伏区或风电区建设所需的投资，C_{cli} 为辅助工程的建筑投资，包括电站的交通、输变电工程以及生活管理设施等主要的建设投资，C_{omi} 是生产期的电站的运营维护成本。

2）灵活性改造成本

主要体现为火电机组灵活性改造投资建设成本，为便于同年度仿真运行结果相比较，采用等额年金法，火电灵活性改造年化投资成本为：

$$F_1 = \sum_{i=1}^{N_f} C_i^r \frac{I_r(1+I_r)^n}{(1+I_r)^n-1} \tag{7.5}$$

$$C_i^r = C_i^m \lambda_i^r \tag{7.6}$$

式中：F_1 为火电机组灵活性改造年化投资成本；C_i^r 为火电机组 i 的灵活性改造总投资成本；I_r 为利用率；n 为摊销年限；N_f 为火电机组改造数量；λ_i^r 火电机组 i 的单位容量投资改造成本。

3）储能成本

大规模应用储能技术是提高含可再生能源电网的运行经济性和安全性的有效途径。为了合理评估储能在电网中应用的经济性，采用全生命周期成本方法,根据抽水蓄能电站、压缩空气储能、铅酸电池、钠硫电池、液流电池、锂离子电池等储能成本和技术特性,选择更经济的抽水蓄能电站,进而测算此储能方式的投资、年费用和度电成本。

初始投资成本是指储能系统工程投建初期一次性投入的固定资金,通常用于主要设备的购置等,计算公式为:

$$C_{In} = C_P P_{ESS} + C_E E_{ESS} \tag{7.7}$$

式中:P_{ESS}、E_{ESS} 分别为储能的功率和容量;C_P、C_E 分别储能的功率和容量的单位投资。

运行维护成本是指为保障储能系统在寿命期内正常运行而动态投入的资金,通常包括储能系统的试验、安装、损耗、停运、人力、检修和维修等费用,以年为单位,计算公式为:

$$C_{OM} = K_O P_{ESS} + K_M Q_{ESS} \tag{7.8}$$

式中:K_O 为储能的单位功率年运行维护成本系数;K_M 为储能的单位容量年运行维护成本系数;Q_{ESS} 为储能的年发电量。

根据储能电站的全寿命周期成本,结合储能电站的年发电量,可计算储能电站的度电成本,计算公式为:

$$c_{ESS} = \frac{C_{ESS}}{Q_{ESS}} = \frac{C_{In} + C_{OM}}{\eta P_{ESS} H_{ESS}} \tag{7.9}$$

式中:C_{ESS} 为储能电站的度电成本;η 为储能电站的转换效率;P_{ESS} 为储能电站的装机容量;H_{ESS} 为储能电站的储电年利用小时数(表7.2)。

表 7.2　储能电站相关参数

比较项目	抽水蓄能	压缩空气	铅酸电池	钠硫电池	液流电池	锂离子电池
单位功率投资/(元·kW⁻¹)	5500	7100	—	—	—	—
单位容量投资/[元·(kW·h)⁻¹]	—	—	1200	7000	8000	2000
建设期/a	7	2	1	1	1	1
设备寿命/a	30	30	—	—	—	—
最大充放电次数	—	—	280	2500	12000	3000

续表

比较项目	抽水蓄能	压缩空气	铅酸电池	钠硫电池	液流电池	锂离子电池
单位功率投资/ （元·kW⁻¹）	5500	7100	—	—	—	—
运行维护费率/%	2.50	2.00	0.50	0.50	0.50	0.50
电能转换效率/%	75	40	80	85	70	90

（3）年增量运行费用

年增量运行费用 F 主要包括增量项目固定运行费用和增量变动运行费用。其中增量固定运行费用与增量项目投资成正比，与设备运行发电状态无关。增量变动运行费用主要由火电机组调峰和启停费用构成，其中火电机组的调峰煤耗增加可由耗煤量和耗气量曲线获得。

$$F = \sum_{i=1}^{4} I_i R_i + D_C P_C + D_G P_G \qquad (7.10)$$

式中：R_i 为该类电源的固定运行费率；D_C、D_G 分别为增量煤耗、气耗；P_C 和 P_G 分别为煤价、气价。

7.4 甘肃省新能源合理利用率

7.4.1 考虑保供需求的新能源合理利用率

极端情况下，如果出现大范围极寒天气，2022—2025 年甘肃电力系统还存在约 659 万～1392 万 kW 调峰缺口。

"十四五"期间，甘肃省新能源并网规模将持续增长，调峰需求显著增加，在现有调峰能力挖掘殆尽的情况下，新建调峰电源是解决调峰缺口，保障系统安全，促进新能源健康发展的首要条件（图 7.12）。

现设定 3 种火电开机方式，测算 2022 年电力电量平衡。方式一：与上年度相同开机水平，优先保消纳；方式二：兼顾保供与保消纳，1月、11月、12月火电全开，其余月份适当调整开机容量；方式三：优先保供，除1月、11月、12月硬缺口无法解决，保证其余月份没有供电缺口。测算结果表明，开机安排无法兼顾保供与保消纳(表 7.3)。

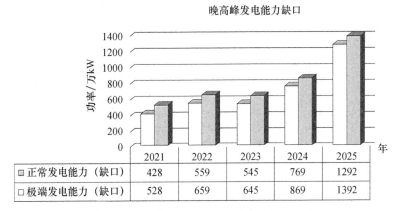

图 7.12　晚高峰电力缺口图

表 7.3　2022 年不同火电开机方式下的电力电量平衡分析

	无储能			240 万 kW 储能		
	方式一	方式二	方式三	方式一	方式二	方式三
保供率/%	97.33	99.49	99.65	97.69	99.73	99.83
缺口小时数/h	2725	1004	654	2134	460	356
平均电力缺口/万 kW	181	94	98	200	108	90
最大电力缺口/万 kW	624	452	404	474	343	254
电量缺口/万 kW·h	49	9	6	43	5	3
利用率/%	92.08	89.6	87.52	93.42	92.32	89.23
新能源发电量/万 kW·h	561	551	533	569	563	544

　　如果以提高利用率目标,以储能利用小时数大于其盈利小时数(172 h)为前提,则储能容量需求 2022 年达 500 万 kW,2023 年达 1300 万 kW。除 2023 年利用率会降至 90% 以外,2022 年及 2024 年利用率接近 95%。此需求高于保供的储能需求,亦可满足保供(图 7.13)。

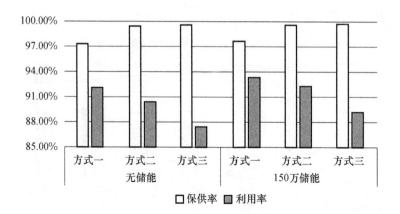

图 7.13　保供率与利用率耦合关系图

如果以保供率 99.5％ 为目标，储能容量 2022 年达 240 万 kW，2023 年达 650 万 kW。2023 年利用率降至 86.92％，2022 年及 2024 年利用率超过 90％。

因此，建议 2022—2023 年的储能需求按照 240 万 kW、650 万 kW、650 万 kW 配置。考虑到新能源装机规划及断面限额，建议将储能按照河西 500 万 kW、河东 150 万 kW 配置（表 7.4）。

表 7.4　2022—2024 年考虑保供需求的合理利用率测算

年份	2022 年	2023 年	2024 年
正调峰需求/kW	522	743	847
保消纳 95％，负调峰需求/kW	150	434	242
保供 99.5％，储能配置（按 2 h）/kW	240	650	650
保消纳 95％，储能配置（按 2 h）/kW	500	1300	1300
合理利用率 1（按保供配储能后）/％	92.13	86.92	92.7
合理利用率 2（按保消纳配储能后）/％	94.99	90.26	95
储能可增发电量/亿 kW·h	11.29	49.59	45.73
配储能利用小时数/h	213	190	176
电量缺口/亿 kW·h	19.23	32.83	36.59
储能放电后缺口/亿 kW·h	7.94	0	0

7.4.2　2030 合理利用率及"碳达峰"远景目标分析

按国家能源局《关于征求 2021 年可再生能源电力消纳责任权重和 2022—

2030 年预期目标建议的函》中 2030 年全社会用电量为 2021 年的 1.375 倍,确定甘肃省 2030 年全社会用电量为 2013 亿 kW·h。按建成三大直流,外送电量按 1500 亿 kW·h 考虑。考虑常规机组容量不变,月度最大电量缺口(1 月、12 月)与 2024 年保持相同水平,确定需要新增的新能源装机和抽水蓄能装机。按表 7.5 中测算的几种情况,建议新增 4000 万 kW 风电、4000 万 kW 光伏、1000 万 kW 抽水蓄能,方可满足用电需求,且保证新能源利用率在 77%。通过建设储能设施、开展需求侧响应增加电网调峰能力 700 万 kW 后可提升至 85%(建议将此作为 2030 年合理利用率)。

表 7.5　2030 年碳达峰远景目标测算

抽水蓄能/万 kW	0	500	500	1000	800
新增风电装机(相对 2024)/万 kW	7000	5000	4000	4000	4000
新增光伏装机(相对 2024)/万 kW	7000	5000	4000	4000	4000
月度最大缺口/亿 kW·h	13	4	9	0	3
新能源利用率/%	42	62	69	77	74
新能源发电占比/%	49	64	61	74	69

第

8

章

甘肃省新能源绿色
发展路径规划

8.1　工作思路

　　围绕构建以新能源为主体的新型电力系统对调度精细化管理的需求,发挥甘肃省在高比例新能源的独特优势,坚持"系统观念、统筹推进,保障安全、最大消纳,绿色发展、有序转型"原则,统筹新能源发展"量""率"关系,实现量率一体、量率协调,从 5 方面制定新能源消纳 18 项举措,明确目标和责任分工,多措并举、攻坚克难,千方百计地推动新能源消纳,为保安全、保供电、保消纳提供有力支撑,助力新型电力系统构建和能源转型。

8.2　工作目标

　　坚持"能并尽并",2022 年服务新能源新增并网 1550 万 kW。
　　坚持"能发尽发",2022 年新能源发电量力争完成 550 亿 kW·h,新能源利用率力争完成 90% 以上,非水责任权重超过 19.25%。

8.3　消纳措施

　　建立新能源消纳预警预报体系。滚动开展新能源消纳测算,按季度形成新能源消纳情况预测分析专报,重点把握布局和时序,引导新能源有序发展。针对戈壁、沙漠、荒滩等大基地项目建设,"三涉"(涉冶、涉交、涉建)企业新能源项目建设专题开展新能源消纳情况研究与预判。
　　开展各类新能源差异化统计分析。针对不同类型的并网新能源项目,建立差异化的新能源市场消纳方案和调度原则。升级新能源有功智能控制系统,提升新能源实时监控水平,优化新能源可视化界面。坚持"日统计、周分析、月通报"，按照分片区、分性质、分项目的原则精细化统计新能源利用率。

推动电化学储能深化应用。按照"集中与分散、自建与共享"原则，不断完善适应大规模储能参与的辅助服务和现货市场机制，研究储能调度策略、加快储能控制系统建设。

加快抽水蓄能规划建设。全力推动玉门昌马抽水蓄能项目核准开工，张掖盘道山、临夏东乡等年内完成（预）可研。

推动各级电网协调发展。持续推进祁韶直流配套电源建设。推动陇东直流核准，尽早开工。携手送、受两端推动陇电入浙和陇电入沪特高压直流工程早日纳规。开展甘川电力互济、陇电入桂以及河西走廊廊道规划等专项研究。协调推动新调增电网项目纳入国家电力规划和国网公司电网规划。

提升祁韶直流输送能力。加快常乐电厂建设进度，力争 2023 年 8 月完成#1、#2 机组双投，确保祁韶直流达到设计送电能力。

优化电网检修计划。强化电网检修停电计划管理，做好主网设备与新能源联合检修，保障清洁能源消纳和电力电量平衡。

引导火电灵活性改造。编制《"十四五"甘肃电网火电机组调峰能力建设方案》，重点推动火电机组灵活性改造和"火储"联合项目投产，加快连城、甘谷电厂复工复产。

大力挖掘需求侧调节资源。全面梳理潜在泛在资源，开展用户侧负荷响应，建立精准负荷控制机制，实现电网"源荷互动"调节模式。开展甘肃电网需求侧资源辅助服务市场建设，采用浮动价格机制激发用户参与市场的积极性，引导更多用户参与市场交易，进一步释放调峰资源的同时促进地方经济发展。

持续推进省内现货市场建设。完善两级市场、三级调度协同机制。健全统一电力市场体系下三级调度安全校核机制，开展新能源参与中长期市场机制研究，完善中长期市场与现货市场的衔接机制，统筹各类交易有序衔接。优化电力生产组织模式，规范"两级市场"工作衔接流程。促进市场化资源配置与电力供应保障的有机结合，实现经济与安全的双统筹。

积极利用省间现货市场确保新能源消纳。根据省内富余发电能力及电力缺口积极参与省间现货市场，最大化利用省间市场确保省内保供及新能源消纳。

继续做好自备电厂替代工作。加强自备电厂运行管理，挖掘自备电厂调峰能力，提高新能源消纳水平。

加大省间余缺互济力度。推动与新疆、四川签订政府间能源电力合作协议。与西北区域内陕西、宁夏、新疆等周边省份签订电力供应互保协议,扩大互济交易规模。

签订合理外送曲线。依据省内新能源发电特性签订合理的外送曲线,在 4~10 月外送能力强时加大外送,日内增加午间外送量。

提升风光功率预测精度。制定《新能源功率预测提升工作实施方案》,从管理机制、气象数据、算法模型、数据质量、技术支撑 5 方面制定提升新能源功率预测的 20 项举措,明确工作思路和目标,明晰各方职责和完成时限,网厂协同,开展新能源预测机制创新、科技攻关、创新实践和技术支撑,形成"2 套主站预测＋1 套场站上报"的多重预测、多种选优的模式,提高全网预测精度。不断提高新能源中长期电量预测的可用性。将新能源功率预测延长到 10 d,10 d 预测准确率应满足风电不低于 75%、光伏不低于 80%的要求。

推进分布式电源"可观、可测、可控"。落实《服务分布式光伏整县推进调度专业实施方案》,建设全省分布式光伏一体化平台,实现信息监测、统一预测、一体化管理。推进存量分布式电源信息接入。全省统一建设分布式光伏预测预报系统开展集中预测,实现预测结果共享。

研究新能源纳入电力电量平衡标准。研究新能源预测值在不同范围、不同电网备用条件时按照不同的标准纳入电力电量平衡,建立将新能源纳入电力电量平衡的动态调整机制。

加大新能源技术创新研究。紧密结合"双碳"目标下构建以新能源为主的新型电力系统过程中面临的问题与挑战,借助高校及科研院所的科研力量,立足甘肃电网消纳实际,致力于解决多尺度新能源功率预测、日内预测偏差校正、新能源纳入电力电量平衡的技术与标准研究,力争通过科技创新实现新形势下保安全、保供电、保消纳等多目标的最优,助力"双碳"目标实现。

第

9

章

新能源装机容量与
利用率协调的建议

9.1 强化新能源发展统筹规划

实现碳达峰、碳中和,构建以新能源为主体的新型电力系统,事关经济社会发展全局和长期战略,需要坚持电力系统"统一规划、统一调度、统一管理"的体制优势,保证系统安全运行和可靠供电,实现整体效率最优。

一是做好新能源与电网规划的统筹。制定新能源发展专项规划,综合考虑外送通道、资源水平、消纳权重、利用率、投资收益等要素,分区域、分年度细化分解新增指标,进一步明确建设时序,引导新能源项目与配套送出工程同步规划、同步建设、同步投运。

二是加强国家和地方规划的衔接。国家规划是各省级规划编制的重要依据,应在统筹考虑跨省区输电通道、火电灵活性改造、抽水蓄能等关键边界条件基础上,明确全国和各省区发展目标,确保国家和地方规划上下衔接、协调统一。

三是实现不同政策机制效果互认。目前促进新能源消纳的各项政策主要目标一致,只是实现路径不同,虽然已有部分衔接机制出台,但由于分管部委的不同、发展阶段的差异,仍需进一步加强协同配合。如,需明确同一份可再生能源发电量的环境效益不能通过多种渠道重复变现,但绿证和 CCER 两种权证可以互认在绿电消费和碳减排中的作用。再如,碳排放权配额和用能权指标两类配额,由于燃料消耗和碳排放量之间可以相互换算,若开展全国用能权交易,在制度出台时需要考虑两类配额能否按比例进行抵用的问题。

四是推动各项配套措施完整落地。火电灵活性改造、抽水蓄能、电化学储能等提高系统调节能力的配套措施,对保障新能源高水平消纳至关重要,需要明确各省区工作目标,压实各方责任,推动各项措施落实到位。不断提高电网平衡调节能力,保障新能源大规模并网运行。

9.2　适度超前能源基础设施建设与系统研究

"硬"的方面:加强跨省输电通道建设、灵活性调节资源建设、大型风光基地的建设。完善送受端网架,增强省间电力互济,提升电网资源优化配置能力,使电网更能适应新能源的出力特性,优化调度,提升电网对"源—网—荷—储"的协同调度能力,提高系统消纳能力和平衡能力;考虑新能源的同时率和利用率,建设 6 倍于负荷的新能源,与负荷相当的各类型储能或抽水蓄能。

"软"的方面:加强新能源科技创新引领。推进电网潮流数字化,实时计算每度电的来源及流向,这是激励使用绿电的基础、储能灵活调用的基础。加强负荷基准调控系统建设,需求侧响应高效发挥作用的基础。加强新能源消纳的科技研究。加强自主创新,鼓励龙头企业以"产学研用"一体化模式,加快核心技术部件研发,提升新能源产业链供应链水平,提高装备国产化率和自主安全可控能力。落实绿电消费的责任主体。

9.3　深入推进电力体制机制改革

中国统一电力市场建设政策导向性强,单纯依靠市场很难达成共识。建议在国家层面建立长效机制,尽快研究制定跨省跨区输电指导意见,合理引导市场主体行为,发挥资源优化配置作用。通过开展发电容量预测,引入招标机制和容量市场,保证系统发电容量充裕性。加快建设全国统一电力市场,完善相关配套政策,发挥市场配置资源的决定性作用。明确保障性收购与市场化交易衔接实施细则。

坚持科技创新与体制机制双轮驱动,发挥市场配置资源作用,充分调动发电侧、需求侧等的灵活调节资源,加快适应新能源消纳的市场体系建设。突破大规模、长周期、高安全、低成本的储能技术。在多日、周、季等更长时间尺度下,探索氢能(新能源直接电解水制氢)储能方式。研究可快速启停的火电机组,研究未来新型电力系统的负荷备用、旋转备用、停机事故备用容量大小及方式选择。研究一定比例的储能 SOC 容量作为负荷备用实现无火电机组支撑的大规模新能源基地建设。

建立高比例新能源消纳考核机制,保量才能保发展,保率才能高质量发展,基于"量率一体"原则设定合理消纳目标,以全社会效益最大化为目标,分省(区)设置合理的新能源利用率考核指标。考核利用率逐步过渡到考核发电占比。过渡期建议在总的利用率目标下对分省新能源利用率目标按装机占比进行差异化分档管理:装机占比在 25% 的设定为 100%;装机在 25%～30% 的设定为 99%;装机在 30%～40% 的装机占比每增加 1%,设定利用率在 99% 的基础上下降 0.5%,最低不得低于 95%;装机超过 40% 的,设定利用率在 95% 的基础上,装机占比每增加 1%,利用率下降 1%;装机占比超过 50% 的,不考核利用率。

加强电力市场、绿色证书、碳市场的衔接。从政策、进程、机制、价格等方面推动电力市场和碳市场协调发展,完善新能源参与碳市场机制,建立碳价与电价传导机制,设计适应高比例新能源发展的交易模式,将用户对绿色电力的需求转变为用户自主的刚性需求,实现消纳成本的疏导,从经济上保障新型电力系统建设。

培育鼓励多元市场主体、完善市场机制。引导新兴主体参与电力市场,创新交易服务模式,充分激发灵活调节潜力,促进能源互联网的价值创造。对储能灵活使用,鼓励源侧储能全网用,实现储能能充能放。鼓励市场化新能源企业租用储能容量。鼓励负荷聚合商、电动车充电桩聚合商。鼓励绿电制氢。鼓励金融机构参与中长期市场,"金融"手段与"物理"手段相结合。国家层面制定出台需求响应价格政策和市场化机制,深入挖掘负荷侧灵活调节潜力,提高电力系统运行弹性,并进一步形成电、热、气等多能源耦合与协同优化。采用类似于消费互联网、社交互联网的简单化交易场景,创新市场服务机制,提升市场配置效率。

参考书目

白建华,辛颂旭,贾德香,等,2010.中国风电开发消纳及输送相关重大问题研究[J].电网与
　　清洁能源,26(01):14-17.

蔡秋娜,2012.辅助服务管理机制与辅助服务市场竞价策略研究[D].广州:华南理工大学.

陈昆灿,刘峻,江熠,2018.储能电站商业模式初步研究[J].上海节能,(01):13-17.

陈艺华,张炜,张成刚,等,2021.促进新能源消纳的省间、省内两级电力现货市场运行机制
　　[J].电力系统自动化,45(14):104-113.

电池储能电站发展扶持政策研究课题组,2013.国外电池储能电站发展及其政策扶持[J].上
　　海节能,(05):27-29.

董存,梁志峰,礼晓飞,等,2019.跨区特高压直流外送优化提升新能源消纳能力研究[J].中
　　国电力,52(04):41-50.

董昱,董存,于若英,等,2022.基于线性最优潮流的电力系统新能源承载能力分析[J].中国
　　电力,55(03):1-8.

高春杰,2013.大规模风电并网考核与交易机制研究[D].北京:华北电力大学.

郭剑波,2021.新型电力系统面临的挑战以及有关机制思考.中国电力企业管理.

国际可再生能源署,2020.可再生能源统计年鉴2020[R].阿布扎比:国际可再生能源署.

国网新源控股有限公司,2007.抽水蓄能电站静动态效益评估研究综述[C]//抽水蓄能电站
　　工程建设文集:14-22.

洪麟,2012.风电接入后的辅助服务补偿机制研究[D].北京:华北电力大学.

解也力,2022.一图读懂《关于完善能源绿色低碳转型体制机制和政策措施的意见》.ht-
　　tps://baijiahao.baidu.com/s?id=1724873354118762167&wfr=spider&for=pc.2022-
　　02-16/2022-05-08.

李德智,田世明,王伟福,等,2019.分布式储能的商业模式研究和经济性分析[J].供用电,36
　　(04):86-91.

李丰,张粒子,2013.大规模风电跨省消纳与交易机制的研究[J].电力自动化设备,33
　　(08):119-124.

李京虎,2021.基于常规煤电灵活性改造的电力系统运行优化研究[D].太原:山西大学.

李琼慧,2017.新能源消纳机制的欧洲启示[J].国家电网,(7):79-82.

刘德伟,黄越辉,2011.西班牙风电高比例消纳研究及启示[J].中国能源,33(03):25-28.

刘吉臻,曾德良,田亮,等,2015.新能源电力消纳与燃煤电厂弹性运行控制策略[J].中国电机工程学报,35(21):5385-5394.

刘新东,方科,陈焕远,等,2012.利用合理弃风提高大规模风电消纳能力的理论研究[J].电力系统保护与控制,40(06):35-39.

吕泉,王伟,韩水,苑舜,等,2013.基于调峰能力分析的电网弃风情况评估方法[J].电网技术,37(07):1887-1894.

牛韩伟,2016.电网调峰辅助服务交易系统的设计与实现[D].哈尔滨:黑龙江大学.

裴哲义,王彩霞,和青,等,2016.对中国新能源消纳问题的分析与建议[J].中国电力,49(11):1-7.

全国新能源消纳监测预警中心,2022.2021年四季度全国新能源电力消纳评估分析.https://news.bjx.com.cn/html/20220314/1209966.shtml.2022-03-14/2022-05-07.

沈超,秦潇璘,李永刚,2016.考虑发电侧成本的新能源消纳能力评估[J].电力科学与工程,32(11):1-6.

史连军,邵平,张显,等,2017.新一代电力市场交易平台架构探讨[J].电力系统自动化,41(24):67-76.

舒印彪,张智刚,郭剑波,等,2017.新能源消纳关键因素分析及解决措施研究[J].中国电机工程学报,37(1):1-8.

宋枫,2019.新能源消纳问题研究[M].北京:科学出版社.

宋士瞻,王传勇,康文文,等,2018.基于时序生产模拟的配电网光伏装机容量规划[J].山东大学学报(工学版),48(05):131-136.

宋士瞻,王传勇,康文文,等,2018.考虑多重出力不确定性的风光装机容量优化[J].山东大学学报(工学版),48(06):101-108.

王斌,苏适,邵武,周伟,等,2015.抽水蓄能电站节能效益综合分析系统[J].新型工业化,5(07):8-17,23.

王丙乾,董剑敏,关前锋,2018.基于调峰能力分析的电网弃风评估方法及风电弃风影响因素研究[J].南方能源建设,5(02):71-76.

王玫,2013.促进风电利用的调峰辅助服务补偿及交易机制研究[D].北京:华北电力大学.

王耀华,栗楠,元博,等,2017.含大比例新能源的电力系统规划中"合理弃能"问题探讨[J].中国电力,50(11):8-14.

王艺博,蔡国伟,郑存龙,等,2016.考虑合理弃风的风电消纳方法研究[J].电测与仪表,53(11):45-50.

文旭,杨可,毛锐,等,2021.高水电占比西南电力调峰辅助服务市场构建[J].全球能源互联网,4(03):309-319.

邬明亮,郭爱,邓文丽,等,2019.铁路牵引用背靠背光伏发电系统及其消纳能力研究[J].太阳能学报,40(12):3444-3450.

吴敬儒,张建贤,2015.甘肃酒泉风电与抽水蓄能电站协同发展分析[J].开发性金融研究,2(02):74-77.

肖达强,黎舒婷,舒康安,等,2016.我国抽水蓄能电站的管理体制和运营模式探讨[J].电器与能效管理技术,(14):79-84.

谢国辉,栾凤奎,李娜娜,等,2018.新能源消纳影响因素的贡献度评估模型[J].中国电力,51(11):125-131.

熊祥鸿,马丽萍,2014.欧洲电力市场化改革及对我国的启示[J].华东电力,42(12):2735-2738.

叶泽,李湘旗,姜飞,等,2021.考虑最优弃能率的风光火储联合系统分层优化经济调度[J].电网技术,45(06):2270-2280.

张敏,刘进,林江刚,等,2021."双碳"背景下屋顶分布式光伏开发环境效益分析[J].能源研究与利用,(06):37-41.

张谦,李琥,高松,2010.风电对调峰的影响及其合理利用模式研究[J].南方电网技术,4(06):18-22.

张智刚,康重庆,2022.碳中和目标下构建新型电力系统的挑战与展望[J].中国电机工程学报,42(8):2806-2818.

赵文瑛,2022.新型电力系统构建的挑战及思考[R].全国新能源消纳监测预警中心.

中国长期低碳发展战略与转型路径研究课题组,清华大学气候变化与可持续发展研究院,2021.读懂碳中和[M].北京:中信出版社.

庄贵阳,周宏春,2021.碳达峰碳中和的中国之道[M].北京:中国财政经济出版社.